第一次養

荷蘭侏儒兔就上手

讓荷蘭侏儒兔過得健康長壽的50個重點

田園調布動物醫院院長
田向健一 監修

楓 葉 社

前言

近年來，有愈來愈多的人開始飼養兔子，現在於寵物店裡販售的兔子已有各式各樣的品種了。本書接下來要介紹的荷蘭侏儒兔，在眾多品種中屬於最為小型的，體重僅一公斤左右，是特別受到歡迎的兔子品種。

荷蘭侏儒兔的個性多半較為活潑好動，對初次飼養的人而言也相對容易上手。

荷蘭侏儒兔那彷彿黑珍珠般的眼睛、圓滾滾的臉頰、短短的耳朵等等，都是其他兔子所沒有的特點。這幾年市場上還出現了多樣的毛色，細心選擇自己喜歡的顏色也是一大樂趣。

另一方面，荷蘭侏儒兔因為身體嬌小，容易體力不足；隨著年紀漸長，也會變得容易生病，尤其高齡的兔子很可能需要時常來往於動物醫院看病。想要飼養荷蘭侏儒兔，就必須下定決心，懷著滿滿的愛意陪牠走到生命的盡頭。

荷蘭侏儒兔在日本作為寵物的歷史相較於其他兔子時日尚淺，目前關於飲食、疾病的資訊還相當少。本書針對日後想飼養，以及或現在正在飼養荷蘭侏儒兔的讀者，整理了已知的侏儒兔特性、飼養管理到臨終照護共五十個飼養重點作為參考。

若本書能幫助各位與荷蘭侏儒兔共度健康、長壽的生活，那就是身為監修者的我最開心的事。

田向健一

本書的使用方法

本書將依照不同主題，介紹荷蘭侏儒兔的正確飼養方式。
除了重點之外，也要留意注意事項及遇到問題時的對策，
開始享受與荷蘭侏儒兔相伴的美好生活吧。

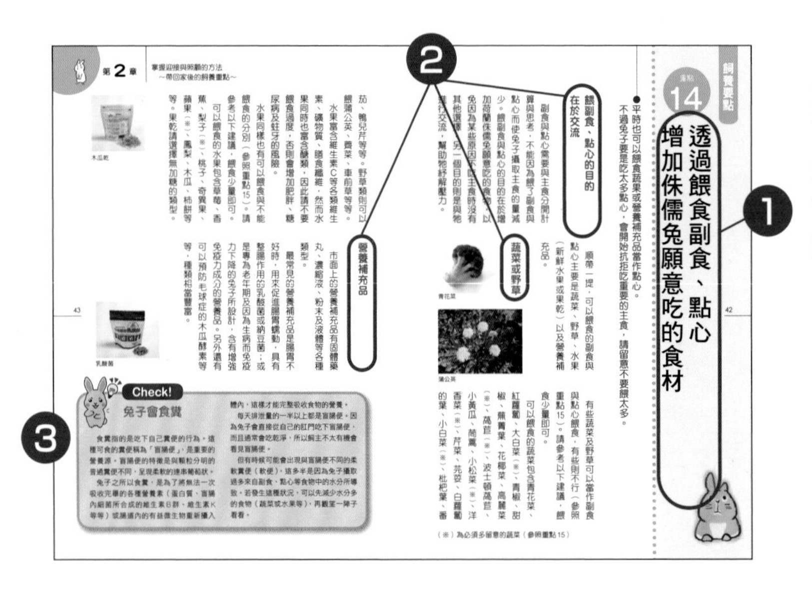

❶各頁主題

根據飼主的疑問與目的，彙整了五十個重點。

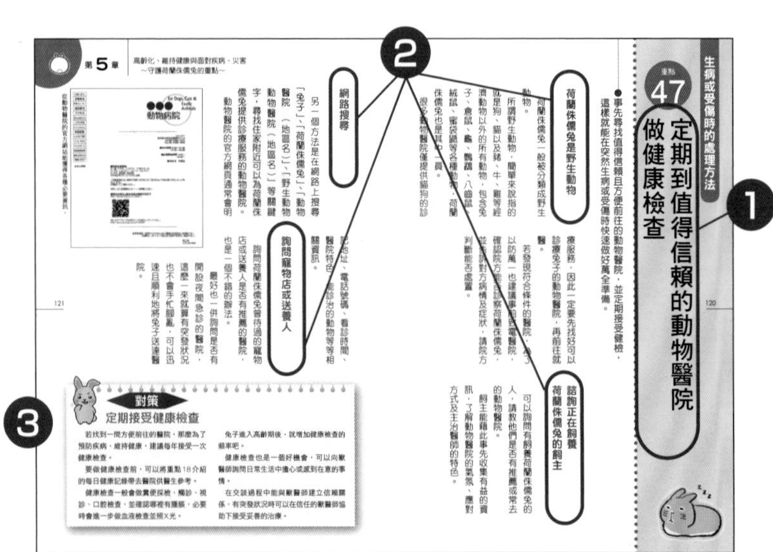

❷小標題

從兩個以上的觀點來解說各項主題的具體內容。

❸「Check！」與「對策」

各項主題均設有「Check！」或「對策」的專欄。
「Check！」主要說明各項主題的注意事項。
「對策」則是針對各項主題，提出解決方法。

第一次養荷蘭侏儒兔就上手

目次

第2章 掌握迎接與照顧的方法
～帶回家後的飼養重點～

第3章 檢視居住環境 ~改善居住環境的重點~

第4章 享受互動樂趣
～一同度過快樂時光的重點～

第5章 高齡化、維持健康與面對疾病、災害
～守護荷蘭侏儒兔的重點～

第 1 章

了解與荷蘭侏儒兔一起生活的基本知識

～接回家前的準備重點～

重新認識荷蘭侏儒兔的特色與注意事項

原產於外國的荷蘭侏儒兔，目前在日本仍是飼養經驗不多的動物。讓我們回頭探尋侏儒兔的歷史與習性，一窺牠的誕生祕辛。

原產地在荷蘭

現在，包含荷蘭侏儒兔在內的所有寵物兔，起源皆來自棲息於伊比利半島（從法國到西班牙）的穴兔經過馴化而來的家兔。荷蘭侏儒兔則是在二十世紀初期，於荷蘭再經過培育而成的品種。

英文名稱Netherland Dwarf中的Netherland指的是荷蘭（尼德蘭），整個名字的意思是「荷蘭的小型種（Dwarf）」。

行動敏捷的草食動物

荷蘭侏儒兔這個品種由原產於英國的小型、小耳品種波蘭兔，以及野生小型穴兔雜交而成。侏儒兔地盤意識強、好奇心旺盛，雖然嬌小卻擁有野生兔子的活潑性格。

飼養單隻或是多隻都可以

作為品種來源的穴兔在自然界中會以二到八隻的家族形式一同生活，屬於群居動物。荷蘭侏儒兔雖然也可以一次飼養多隻，但不同個體間的適配度也很重要。其中有些個體會展露攻擊性，因此若在飼養多隻的過程中發現具攻擊性的個體，就必須放進個別的籠子裡或採取其他手段將其與群體分開，避免兔子受傷。

荷蘭侏儒兔是晨昏性動物！

兔子並非晝行性，也非夜行性動物。也就是說，兔子原本是在清晨與黃昏這兩個時間帶活動的動物。但是如下面【Check!】所述，兔子也能夠配合人的生活作息。

Check!

兔子會受到飼主的生活作息影響

如果飼主每天在相同時間起床、相同時間就寢，有著規律的生活作息，那麼荷蘭侏儒兔也能以同樣的作息度過健康的生活。

但是若飼主本身作息不規律，那麼荷蘭侏儒兔可能會為了配合主人作息，導致自己生活步調紊亂、身體狀況出問題，因此建議飼主盡可能保持規律的生活作息。

另外，讓荷蘭侏儒兔的保持健康很重要的一點，就是要讓牠早上能夠接觸陽光，而夜晚房內保持黑暗，不要一直開著燈。

毛色種類

荷蘭侏儒兔的毛色分成以下介紹的五種。

種類1 純色系（Self）

全身只有單一顏色的類別稱為「純色系」。這個類別中有黑色、藍色、巧克力色、紫丁香色、紅眼白色與藍眼白色。

紫丁香色

種類2 漸層系（Shaded）

耳朵、鼻尖、腳尖、尾巴的顏色較深，其他部分則漸漸變淺的毛色稱為「漸層系」。這個類別中有黑貂斑點色、暹羅黑貂色、暹羅煙燻珍珠色、玳瑁色、藍玳瑁色等等。

暹羅黑貂色

種類3 野鼠色系（Agouti）

一根毛上有三種以上明顯可見的顏色，整體毛色看起來像是混合變化的類別稱為「野鼠色系」。此類別中有栗色、絨鼠色、猞猁色、蛋白石色與松鼠色。

栗色

種類4 日曬色系（Tan Pattern）

頭、背部、肚子與尾巴內側等處變成完全不同顏色的類別稱為「日曬色系」。脖子後方的斑紋為橘褐色的稱為「獺色」，白色的稱為「貂色」。

最有代表性的毛色為黑獺色、藍銀貂色、黑貂色、褐藍色等等。

黑獺色

種類5 AOV（Any Other Variety）

不屬於上面任何一個類別的顏色就被分類至「AOV」這個類別。

這個類別中有碎斑色、橘色、小鹿色、喜馬拉雅色、鋼色。

橘色

重點 2

了解荷蘭侏儒兔的身體特徵

●由於荷蘭侏儒兔在野生環境中屬於被捕食的一方，因此警戒心強，個性往往神經質又膽小。但也正因如此，荷蘭侏儒兔才有其各種獨特的身體特徵。

①耳朵　荷蘭侏儒兔最明顯的特徵就是短小的立耳。與其他種類的兔子相比，雖然耳朵很小，但為了躲避天敵、保護自己，有著對聲音非常敏感的優秀聽覺。另外，因為耳朵布滿了密集的末梢血管，所以耳朵也具有散熱、調節體溫的作用。

②眼睛　雖然荷蘭侏儒兔的視力本身不太好，不過由於眼睛突出於臉部兩側，一隻眼睛就有廣達一百九十度的視野，使牠們能大範圍地掌握周遭環境的狀況。不過牠們看不到正後方與嘴巴前方。

③鼻子　據說荷蘭侏儒兔的嗅覺比人類好上十倍。警覺性高的荷蘭侏儒兔無時無刻都在活用嗅覺收集周圍的資訊，區別天敵與同類。

④鬍鬚　鬍鬚除了長在嘴巴周圍，也會長在眼睛上方與臉頰上。鬍鬚是兔子生存必備的感測器，絕對不能將鬍鬚剪掉。鬍鬚最主要的功能是測量自己要通過的通道寬度、感應風的強度與方向，以及了解濕氣或氣壓的變化等等。

⑤嘴巴　荷蘭侏儒兔的門齒與深處的臼齒會一輩子不斷生長。

上下共六顆門齒（上下各兩顆，上方門齒後面還有兩顆較小的門齒），再加上上下合計共二十二顆臼齒，總共有二十八顆牙齒。

⑥被毛　兔子的被毛分為外側較長、較硬的護毛，以及內側較短、較柔軟的底毛這兩層構造。護毛可以保護身體，而底毛則發揮保濕、保溫的功能。兔子在春天與秋天有換毛期。（關於被毛的照護請參照重點29）

⑦尾巴　雖然外觀上看起來像團毛絨絨的圓球，但其實尾巴是沿著背部往下，在最後呈現翹起來的狀態，我們看到的是突出來的尾巴最前端。骨頭的長度約有二至三公分。兔子會運用尾巴與同伴或飼主進行交流。

⑧四肢　兔子的特徵是前腳有五趾，後腳有四趾。腳底沒有肉球，而是被毛刷狀的厚毛覆蓋。有了這層毛，兔子才能在奔跑中抓住堅硬的地面，並吸收奔跑的衝擊。

其他

●肉垂　下顎之下的胸口部分會有一圈皮膚皺褶，稱為肉垂。這是成年的母兔才有的身體特徵。

●臭腺　兔子的臭腺分布於下巴（下巴腺）、肛門（肛門腺）、會陰部（鼠蹊腺）這三處。臭腺會分泌液體，目的在於標示自己的地盤。（關於臭腺的清理請參照重點27）

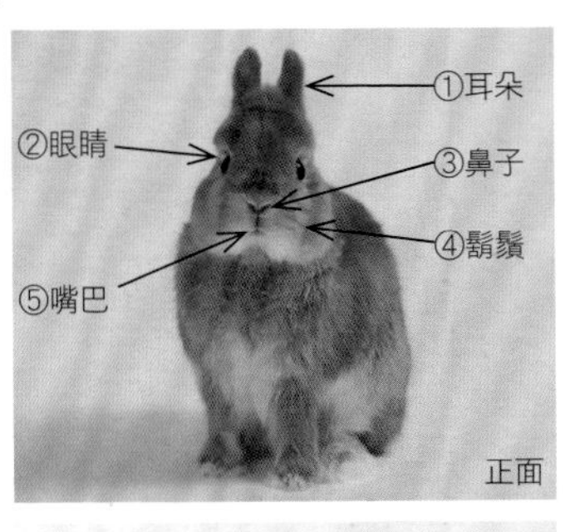

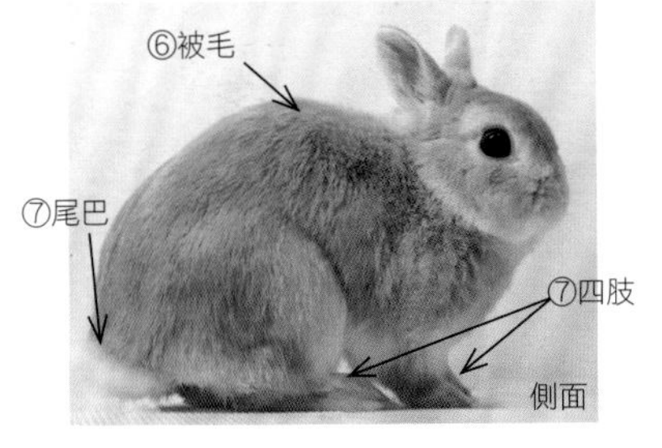

身體的平均值

體長（成體）：26cm左右
體重：900g～1.2kg
心跳數：130～325／分
呼吸數：32～60／分
壽命：7年～8年
體溫：通常為38.5～40℃

重點 3

考量到往後的相處，思考該從哪種管道迎接侏儒兔

●想要將荷蘭侏儒兔迎接回家，有前往寵物兔專賣店、一般寵物店購買，以及領養等幾種方法。

慎重選擇該從什麼管道迎接兔子回家

如果弄錯管道，造成不滿意的結果可就本末倒置了。還請各位慎重思考，選擇迎接荷蘭侏儒兔最恰當的管道。

另外，也請各位事先學習有關荷蘭侏儒兔的養育方法與知識，並花費時間仔細尋找真正適合自己的荷蘭侏儒兔。

若是從寵物兔專賣店迎接回家

寵物兔專賣店無論是兔子的數量或顏色種類都很豐富，而且也有許多店員熟知荷蘭侏儒兔的專業知識。此外，用具商品種類齊全，甚至會販售荷蘭侏儒兔專用器具，這些都是專賣店的優勢。飼主除了能向店家尋求飼養上的建議，在遇到問題時也能向店家諮詢，令人放心。某些專賣店也會提供剪指甲之類的寵物美容或是寄宿服務。

若是從一般寵物店迎接回家

如果選擇照顧周到、應對親切體貼的寵物店，不僅能獲得飼養前的建議，在遇到困難時也能向店家諮詢。另一大優點是，可以在迎接荷蘭侏儒兔的同時，一併

購買飼養所需的用具。

若是透過領養迎接回家

如果是透過領養人招募或送養會把兔子領養回家，必須向對方事先確認領養需不需要費用，領養時最好也要向對方詢問兔子的性格或習慣等詳細資訊。另外，還需要事先溝通要如何交付兔子，並做好飼養的準備，迎接新的家人。

要好好珍惜我喔

Check!

迎接荷蘭侏儒兔前的重要確認事項

為了避免迎接後造成兔子不幸，還請飼主仔細思考，確認自己是否做好了下列的心理準備。

□為了買齊必要的飼養用具而花錢
□為了購買每個月的牧草、飼料與點心而花錢
□每天透過空調進行溫濕度管理會有較大的電費開銷
□每天都必須清掃
□需要花一點時間才能讓兔子更親人
□每天都需要騰出時間好好陪伴牠
□盡可能先找好住家附近可以為兔子看診的動物醫院

此外，從動物販賣業者處購買動物時，若消費者僅憑網路上的互動，並沒有在現場直接確認欲購買的動物、當面聽取有關飼養的說明便接收動物，或是在登記為動物處理業地址以外的地方接收動物，此類行為皆受到日本的動物愛護管理法（2019年6月動物愛護管理法修訂）嚴格禁止，還請各位事先了解相關法規。

公兔喜歡撒嬌，母兔個性較為冷淡、剛強

先來了解荷蘭侏儒兔的公兔與母兔的基本個性與身體特徵吧。

公兔與母兔的個性差異

關於性別上的個性差異，許多飼主實際飼養後都指出，基本上公兔比較喜歡撒嬌，個性也較為穩重，不過在性成熟後，成年的公兔會開始宣示地盤，有時甚至會對飼主與其家人採取較有攻擊性的行為。

另一方面，母兔個性比較冷淡、剛強，發情時會有脾氣變暴躁的傾向。

比起性別的差異，更重要的是了解牠的獨特個性

雖然公兔與母兔一般會擁有前述的性格特徵，但每一隻荷蘭侏儒兔都有牠自己的獨特個性，飼主必須先理解這一點。

與人類相同，會有個性像公兔的母兔，當然也會有個性像母兔的公兔。

無論是公兔還是母兔，細心了解自己飼養的荷蘭侏儒兔的個性，並陪伴牠走下去才是最重要的。

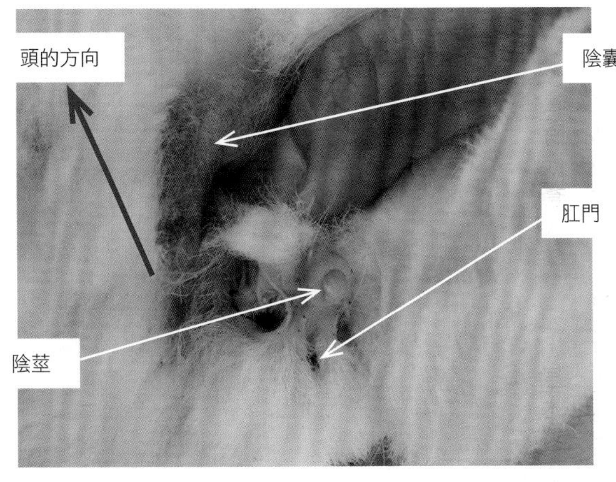

公兔的生殖器

比起母兔，公兔的生殖器距離肛門更遠。三到四個月大後睪丸就會下降至陰囊中。

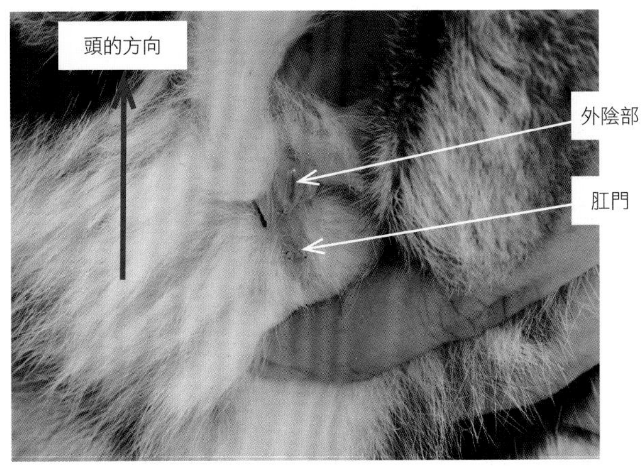

母兔的生殖器

母兔的外陰部相對身體呈縱向的裂縫狀，與肛門的距離較短。

對策

帶回家的荷蘭侏儒兔與當初聽到的性別不同!?

偶爾會發生把荷蘭侏儒兔接回家後，才發現真正的性別與當初購買或領養時所聽到的性別不一樣的情況。

以為是公兔而買回來，飼養途中懷孕了才發現原來是母兔；或買了一對以為是同性的侏儒兔，結果實際上是一公一母，導致母兔意外懷孕。這些案例有時候還是會發生。

如果擔心自己弄錯性別，可以前往寵物兔專賣店或動物醫院，請專業人員協助判斷兔子的性別。

重點 5

挑選個體時 最重要的是健康有活力

●若希望與兔子走得更久、更遠，就要選擇健康的個體。

挑選個體時的檢查事項

在寵物店挑選荷蘭侏儒兔時，最好仔細觀察健康狀態，選擇比較健康的個體。

首先從外表開始檢查。如果出現以下的狀況，可能是罹患了某些病症。

健康的檢查事項

☐眼睛有眼屎
☐眼睛帶淚或眼睛乾燥
☐耳朵裡面有髒汙或發出臭味
☐毛皮狀況不佳
☐有脫毛的現象
☐流鼻水
☐嘴巴流出唾液
☐沒有食慾
☐身體有傷口
☐前腳腳底的毛相當毛躁
☐肛門附近有髒汙
☐蜷縮在籠子角落幾乎不動

檢查寵物店

觀察荷蘭侏儒兔的飼養環境也很重要。

籠子內是否清掃乾淨、餵食的內容與方式是否恰當、平時如何與荷蘭侏儒兔相處等等都需要檢查。寵物店的店員對荷蘭侏儒兔的知識是否充足也是需要特別注意的地方。

要選擇幼兔還是成兔

以荷蘭侏儒兔來說，無論幼兔還是成兔，在能親近飼主這一點上沒有太大的差異。當然，從幼兔開始養可以體驗小小的兔子漸漸長大的樂趣，不過也可能會出現不會定點上廁所，或隨意亂咬東西的問題，需要花費大量心力訓練的情況。另外，出生不滿兩個月的幼兔，尤其容易因為對環境的劇烈變化過於敏感而生病，因此最好選擇出生兩個月以上，並在寵物店待上一段時間，已經習慣環境的兔子。若想挑選成兔，那麼只要是正當的寵物店，裡頭的兔子大多已經會上廁所，也已了解了每個個體的習慣與癖好，飼養門檻較低。

其他重要事項

若下定決心要養，無論是寵物店、繁殖場還是領養招募，都必須親自去看看要飼養的荷蘭侏儒兔，以一名飼主的身分，思考自己是否想和牠一起生活、牠的個性適不適合自己。如果有家人，是否能獲得所有家人的同意也是很關鍵的因素。也必須事先了解自己或家人會不會對動物過敏。

對策
獨居的人若想飼養荷蘭侏儒兔

喜歡動物且一個人住的飼主，也是可以跟荷蘭侏儒兔一同生活的。

獨居的人能陪荷蘭侏儒兔玩耍的時間，就只有下班回家或休假的時候。想與荷蘭侏儒兔相處愉快，一起玩耍的時間是不可或缺的，飼主必須負起這樣的責任。購買飼料、飼育用具的費用是一筆不小的開銷，生病時前往醫院看病的時間與費用也頗為可觀。另外，不管平時回家後多麼疲累，每天都必須清掃與餵食。獨居的人不在家的時間很長，這時控制室內的溫度便相當重要，尤其是夏天與冬天，更需要二十四小時打開空調維持室內溫度。

在飼養前仔細思考自己是不是能悉心照顧牠一生，同樣也是重要的課題。

重點 6

還不熟悉飼養方式時 建議單隻飼養

荷蘭侏儒兔可以單隻飼養，也可以多隻飼養。

還不熟悉荷蘭侏儒兔的飼養方式時建議先養一隻就好

很常看到飼主在飼養荷蘭侏儒兔後被其可愛的模樣打動，開始飼養第二隻、第三隻等，漸漸增加飼養的數量。但是，在熟悉飼養方式前，建議先從單隻飼養開始。在單隻飼養期間了解到荷蘭侏儒兔的特徵，並學會照料的訣竅後，就可以養更多隻侏儒兔。

多隻飼養的注意點

看著一群荷蘭侏儒兔快樂生活的樣子當然很幸福，不過並不是所有個體都能相處愉快。有時候公兔彼此會打架，個性不相配的個體也很難一起生活。

讓先來的個體與新來的個體彼此熟悉後，再放到同一空間裡吧。若在熟悉前就放到同一空間，可能會因為兔子強烈的地盤意識導致雙方大打出手。另外，若新來的兔子身上帶有什麼疾病，也有傳染給其他個體的風險。

標記

至少用兩到三週的時間將雙方放在不同的飼養籠中，先讓彼此熟悉對方，習慣對方的味道，或是在飼主看得到的地方讓牠們一同玩耍一小段時間後，再視情況決定要不要將牠們放在一起。

判斷現實情況是否允許多隻飼養也很重要

飼養多隻兔子就需要多個飼養籠，而且每日的清掃、定期剪指甲與美容等照料時間也會隨著隻數增加變成兩倍、三倍以上。當然，飼料費也會隨之翻倍。必須想清楚自己是否能克服這些問題，再來思考自己能養到多少隻。

Check!

也要注意飼主的生活變動

養過小動物的人或許都有經驗，在飼養寵物這件事上不只有好的一面，當然也有辛苦的一面。

為了度過有荷蘭侏儒兔陪伴的快樂時光，也必須注意飼主本人的各種生活變動。

例如入學、畢業、就業、換工作、調職、人事異動、調職、搬家等等，當飼主的生活環境出現變化，光是為了自己就忙得焦頭爛額時，難免就會疏於照顧寵物。在人生中這些各式各樣的生活環境變化是不可避免的，因此若決心要養，就必須做好覺悟，在任何時候都不能忘記自己身為飼主的本分，不能忘記自己掌握著荷蘭侏儒兔的生命，必須好好照顧牠一輩子才行。

重點7 最好挑選網格細、空間寬敞的飼養籠

準備適當的飼養籠，安全地迎接新家人的到來

籠子要能完全擋住站起來的成兔，高度大約要在四十公分以上

一般認為最適合荷蘭侏儒兔的飼養籠尺寸是「寬六十公分×深四十公分×高四十公分」以上。雖然設置小屋、食盆、便盆等用具後看起來會有點窄，不過只要每天都將兔子放出籠外運動就沒問題。

不易生鏽、網格細的籠子最令人放心

飼養籠請選擇以粗度適當的鐵網製作、不易生鏽、不怕荷蘭侏儒兔啃咬的類型。踏墊選擇不會給腳太多負擔、有彈性且不會太硬的細鐵網為最佳。另外，最好選擇沾到糞便等髒汙時能輕易拆卸、清洗的籠子構造。最後，為了避免荷蘭侏儒兔撞開籠門而逃

合適的飼養籠範例
（PROCAGE 60　黑／W 61㎝×D 46㎝×H 55㎝<含腳輪為60㎝>）

脫，可以用扣環把出入口鎖起來。

出入口寬敞，托盤為抽屜式的籠子清理起來最方便

正面出入口較大的籠子，除了便於兔子進出，也更方便飼主清掃便盆或籠子內部。除了正面出入口外，頂部有開口的類型也便於取出小屋等放置於籠子上層的物品。

底部托盤為抽屜式的話，就能每天輕鬆清理排泄物。附有腳輪的籠子則方便飼主移動籠子。

Check!

一併準備好出門或看病時所需的外出籠

除了設置於家中的飼養籠外，最好再準備一個小型的外出籠。清理飼養籠或前往動物醫院時，外出籠就可以派上用場（參照重點46）。若選用外出籠的底部還設置有下網的類型，那麼就算在移動中兔子尿尿了也不會弄髒腳，非常推薦。

即便外出地點就在附近，為了以防萬一，外出籠裡最好還是先設置給水瓶、食盆與便盆。

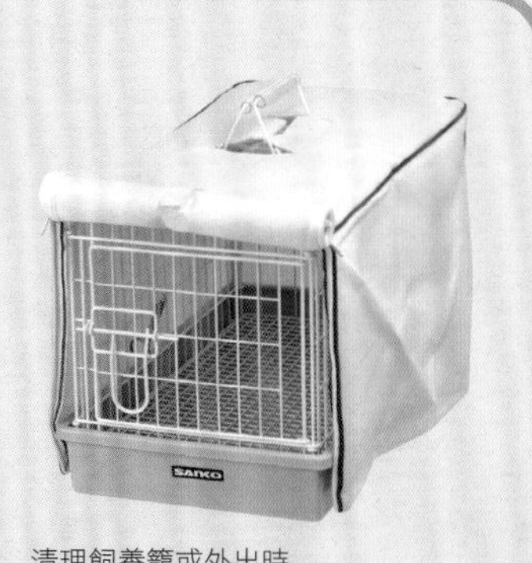

清理飼養籠或外出時
非常方便的小型外出籠

重點 8

在籠中準備好所有必要物品

●在飼養籠中至少要準備好食盆、草盆、給水器、便盆與睡覺的床。

食盆、草盆與給水器的位置是關鍵

食盆或草盆等放置食物的容器以及給水器都必須每天補充、更換，因此最好設置在靠近籠子入口的位置。食物容器如果是輕便且放置在地上的類型，很可能會被兔子打翻，所以建議使用可固定在籠子上的類型。

不過，若知道之前的環境（商店或養殖場用於飼養的籠內擺設）是什麼樣子，一開始可以先採用相同用具，並擺放在相同的位置。對於尚未熟悉新環境的荷蘭侏儒兔來說，這樣可以減輕牠們的壓力。

準備好便盆與小屋、睡床

可以的話，便盆的外形與擺設位置也最好與之前的環境（商店或養殖場用於飼養的籠內擺設）相同，減輕兔子對新環境的焦慮。便盆請選擇設置有底網，糞便及尿液會掉到底網之下的類

型。便盆中要鋪上一層可以吸收尿液，避免發臭的木屑砂。木屑砂每天都要更換，並且要清理髒掉的便盆，維持便盆的清潔。另外便盆的底網請牢牢固定好，以免兔子踩踏或吃下木屑砂。

為了讓兔子能安心生活在籠子裡，也要準備木製的小屋、稻草製的草墊或布製的小床。

方便抒發壓力的玩具

籠子裡也放進可以啃咬、滾動的玩具吧。磨牙木等可以啃咬的木製玩具能幫助兔子將牙齒磨整齊，用牧草等草類編織成的玩具則能讓兔子啃咬、破壞，讓牠們抒發壓力。

可以防寒防暑的季節對策用品

想要飼養荷蘭侏儒兔，必須將溫度與濕度控制在最恰當的狀態（參照重點17），尤其在季節變換的時期、梅雨期或盛夏、嚴冬，都必須因應季節做好對策。目前市面上各家廠商都有推出專門對應特定季節的用具（參照重點9），不妨使用這些用具，維持兔子舒適的生活環境。

對策
如果兔子在便盆以外的地方排泄

讓兔子記住「廁所的位置」、「只要想上廁所就要來到固定位置」是很重要的訓練，不過有些兔子很快就能做到，但有些兔子則必須用更長的時間費心教導才能學會。而即便是已經學會上廁所的兔子，有時候也會犯錯。

尤其是沉迷於玩耍的兔子更容易隨地大小便。隨地大小便的原因，有時候是因為飼主回家了，雖然想上廁所，但更想要先跟飼主一起玩耍，又或是想要宣示自己的地盤（特別是沒有結紮的公兔）。

這時候飼主需要注意的，是絕對不能留下尿液的味道。如果兔子不小心在便盆以外的地方尿尿，而清理時又沒有將味道消除，那麼兔子以後就會認為那裡也是廁所。因此，若兔子在便盆外尿尿，要仔細清乾淨並用除臭劑徹底消除味道。另外也可以將擦取排泄物、沾染了味道的衛生紙等放到便盆裡，讓兔子記住廁所的位置（參照重點30）。

飼養籠的布置範例

基本布置範例

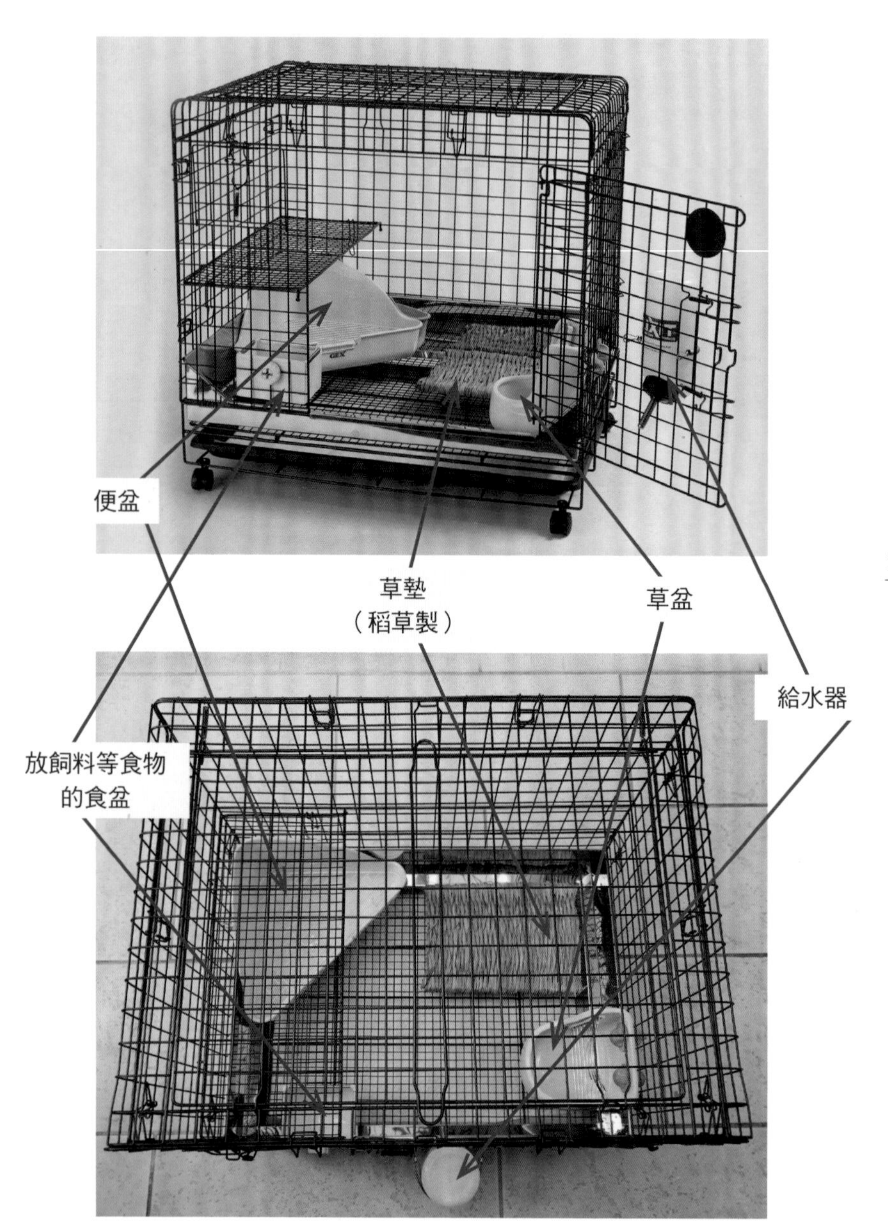

老年期的布置範例

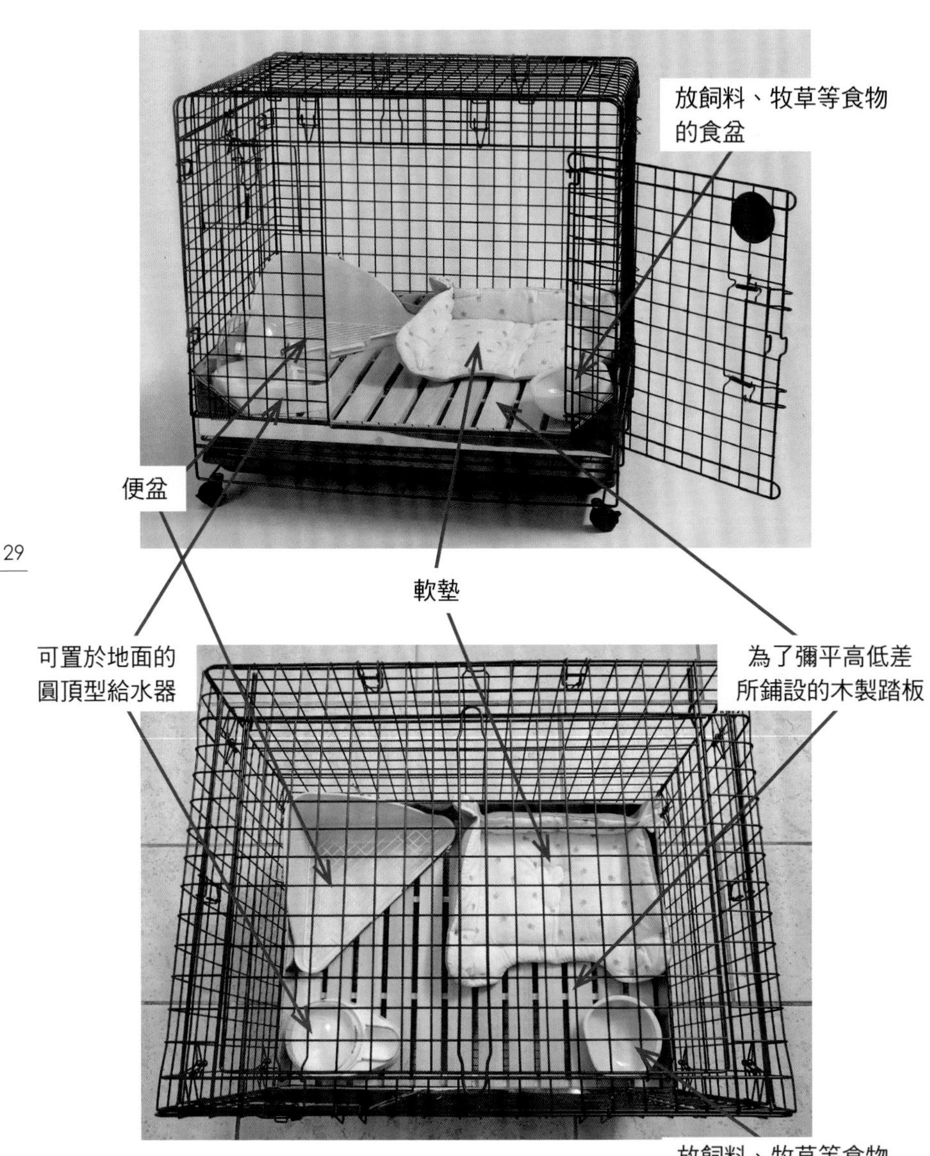
放飼料、牧草等食物
的食盆
便盆
軟墊
可置於地面的
圓頂型給水器
為了彌平高低差
所鋪設的木製踏板
放飼料、牧草等食物
的食盆

重點 9

選擇讓兔子感到舒適的飼養用具（1）

準備讓荷蘭侏儒兔能夠舒適生活的飼養用具。

食盆（飼料盆）

放顆粒飼料等食物的小盆。每天都要保持清潔。

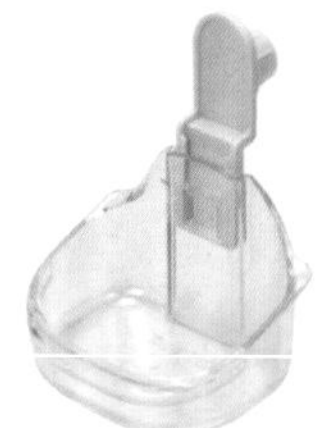

飼料盆的範例

草盆（草架）

用來放置牧草的草盆有木頭、塑膠、金屬、陶瓷四種常見的材質。考量兔籠的空間與使用方便性來挑選吧。

草架的範例

給水器

建議使用可以掛在籠子上的玻璃製給水器。

給水器的範例

便盆

方便又衛生的便盆可以讓排泄物掉落至踏板或底網之下，不易弄髒腳或屁股，還能用尿布墊將排泄物包起來處理。

便盆的範例

層板

在籠內設置層板，荷蘭侏儒兔就可以上下移動，拓寬活動空間，即使在籠內也能有運動效果。

層板的範例

玩具類

玩具也是飼養荷蘭侏儒兔的必備法寶，可以幫助侏儒兔排解無聊、減輕壓力。

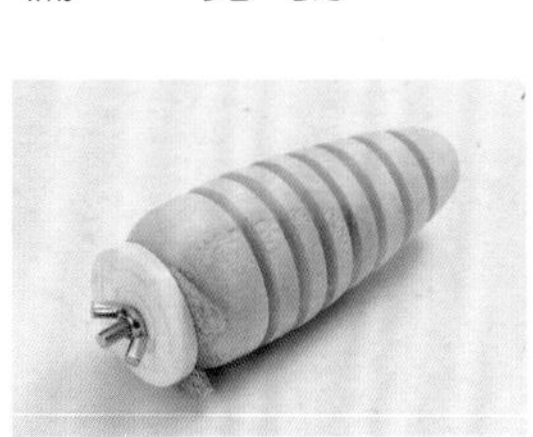
磨牙木的範例

季節對策用具

夏天為了防暑，可使用大理石或鋁製的散熱板或散熱涼墊，到了冬天則可以使用寵物保溫燈或保溫墊來防寒。濕度問題可以打開除濕機以免環境太潮濕。

散熱板的範例

床墊（睡窩）

若能幫兔子準備床墊等睡覺的地方，兔子就能更放心地休息，所以不妨在籠內準備一個床墊。巢箱並非必要，不過母兔在即將分娩時會開始築巢。若是在這個時間點，就可以將巢箱放進兔籠中（參照重點23【對策】）。

床墊的範例（蓬鬆軟墊）

選擇讓兔子感到舒適的飼養用具（2）

準備好平日飼養管理中不可或缺的用品，或是可以讓兔子玩得開心的玩具吧。

鋪在籠子下方的踏板、踏墊

籠子內金屬製的底網之上，還可以多鋪設一層木製條狀踏板或塑膠踏板，打造排泄物不會直接碰到腳底或屁股的環境。此外，為了保護腳底，避免患上腳瘡，在部分位置鋪設踏板或稻草製的草墊也是有效的方法。

木製踏板的範例

用體重計每天做健康檢查

要進行荷蘭侏儒兔的健康管理，體重計是很方便的用具。如果是荷蘭侏儒兔這樣的小型兔，

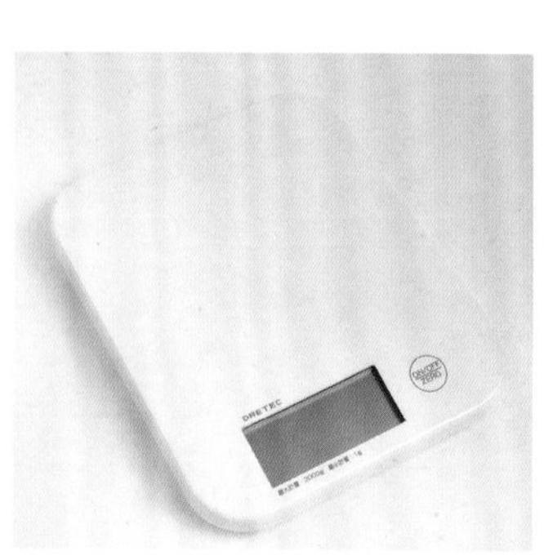

電子體重計的範例

也能用普遍最重可測到2kg的廚房電子秤來代替。若為精密程度可以測到1g的體重計，無論是成兔還是幼兔的體重變化都能精確掌握，很令人放心。測量方法是先把籃子放到體重計上，再將兔子放進籃子測量，所以可以在放上籃子後將重量重新設定為0g的電子秤最為方便。

避免逃脫的扣環

為了避免荷蘭侏儒兔在神不知鬼不覺的情況下打開兔籠入口逃脫，最好在扣起籠門後再用扣環鎖起來。籠門因為反覆開關而鬆弛時，扣環也是很好用的工具。

扣環的範例

指甲剪

指甲變長時，可以用小動物專用的指甲剪幫牠修剪。剪刀型的指甲剪方便好用，剪起來也很安全。

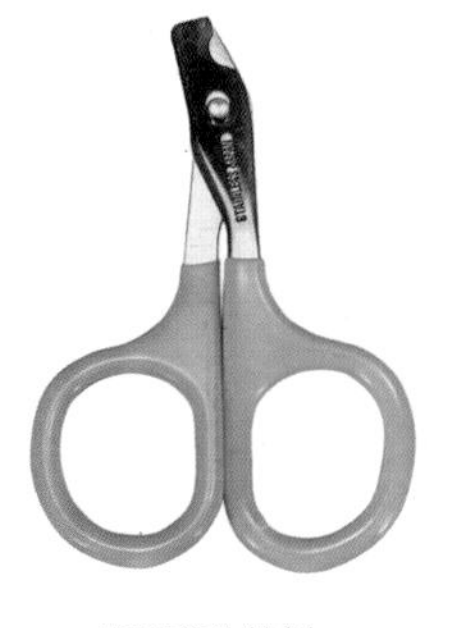
指甲剪的範例

毛刷

梳毛是飼主每天必做的功課。幫兔子清除已經掉落的毛，可以避免牠吞進過多的毛髮。使用橡膠毛刷梳毛時，盡可能像是撫摸般輕柔，這樣就能將毛梳下來了。

毛刷的範例（橡膠毛刷）

溫濕度計

每天管控溫濕度也是不可或缺的。無論是指針式還是電子式都可以，選擇方便好用的即可。為免損壞時造成麻煩，最好準備兩個，以防萬一。

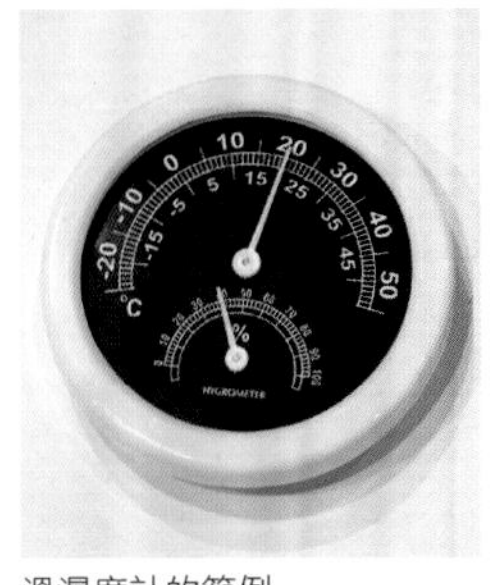
溫濕度計的範例

美毛噴霧

直接噴到身體上，再仔細搓揉進毛根裡。這類噴霧可以讓毛髮更有光澤，也具備除臭的效果。有些噴霧甚至還有分解沾附的髒汙，或抑制病菌繁殖，預防皮膚病或臭味的護膚效果。

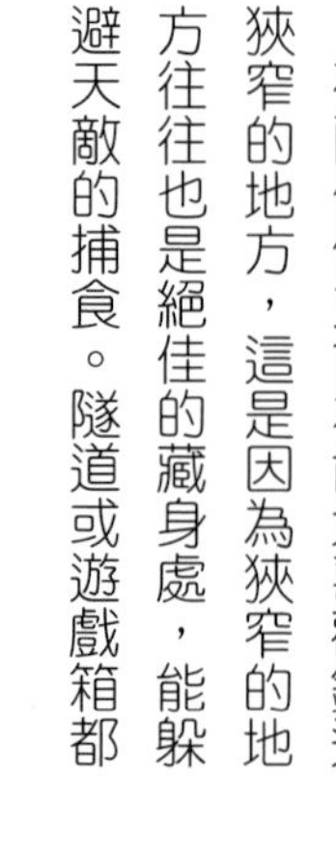

美毛噴霧的範例

玩具

荷蘭侏儒兔會本能地喜歡鑽進狹窄的地方，這是因為狹窄的地方往往也是絕佳的藏身處，能躲避天敵的捕食。隧道或遊戲箱都是適合荷蘭侏儒兔的玩耍場所，也能讓兔子更為放鬆。牠們會在隧道內跑進跑出，或是直接躲在裡面休息。

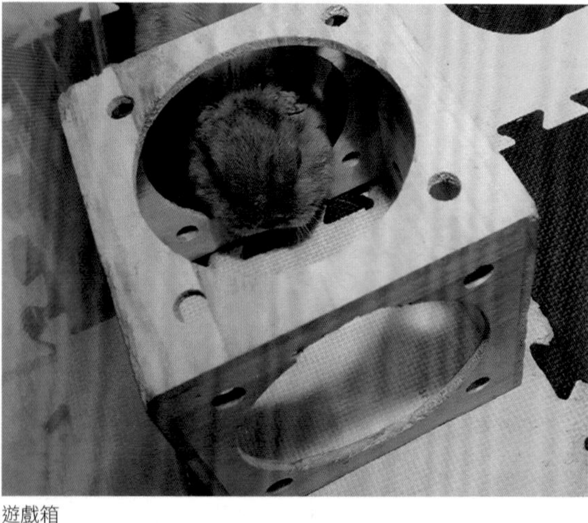

遊戲箱

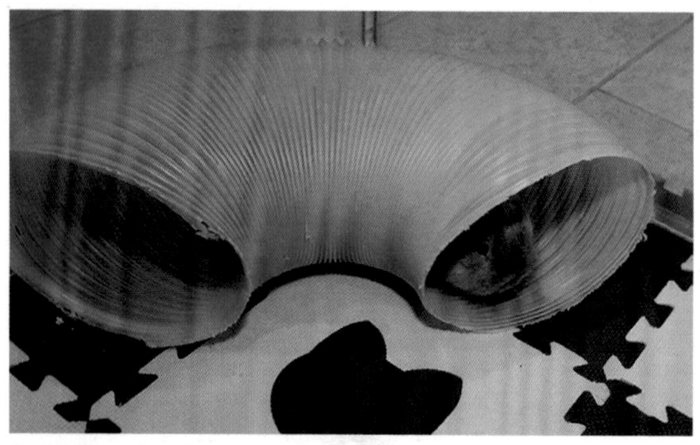

伸縮隧道

第 2 章

掌握迎接與照顧的方法

～帶回家後的飼養重點～

若家中有小孩或其他動物時需要多加注意

●如果家中有年幼的小孩，或是會跟其他動物養在同一空間，那就需要多加注意。

兔子也是會咬人的

尚未適應新家人或新環境的荷蘭侏儒兔，可能會因為小朋友不夠謹慎，動作激烈地想抓住或抱起兔子，導致兔子受到驚嚇而咬人或抓傷人。

荷蘭侏儒兔的牙齒相當尖銳，如果用力啃咬，即使是大人也會嚴重受傷。

若要讓兔子與小朋友一起玩，一定要有大人在旁看著，並適時出聲提醒。

若家中有嬰兒更要特別小心

若要在家裡有嬰兒的情況下飼養荷蘭侏儒兔必須特別小心，千萬不要讓兔子在房間中玩耍時靠近並咬傷嬰兒，或是在嬰兒能爬行的時期，讓嬰兒不小心將掉落在地上的兔子排泄物放進口中。在孩童尚且幼小時，活動空間必須與兔子分開。

若與其他動物一起養也要注意

在飼養荷蘭侏儒兔前，有些飼主已經在飼養其他動物了；或是飼養侏儒兔後，還想再養些其他動物。

這時候就要考量其他動物與荷蘭侏儒兔是否合得來。雖然這也要看種類與個體的性格，不過整體而言天竺鼠、絨鼠等草食動物比較適合與侏儒兔養在一起。必須特別注意的是，兔子體內有一種稱為支氣管敗血性博德氏菌的固有性細菌，可能會導致天竺鼠感染進而重症化，因此為了避免感染，最好不要與兔子養在同一個籠子裡，甚至建議飼養在不同房間。

狗可能會將兔子視作獵物而進行攻擊，尤其是狩獵犬，因此不太適合養在一起。貓會追逐兔子，平時須多加留意。至於雪貂等肉食動物，也盡可能不要養在一起。

另外，會發出巨大聲響的大型鸚鵡等動物，對耳朵靈敏的荷蘭侏儒兔來說是一種壓力來源，最好養在不同房間。

即使與兔子同居的屬於較為適配的動物，若是兔子還是會感到壓力，建議還是不要讓他們在同一個空間生活。

對策

把荷蘭侏儒兔接回家之後

在接回家的當天，先讓荷蘭侏儒兔在籠裡好好休息吧。侏儒兔會對初次進入的環境感到困惑、緊張及焦慮，壓力相當大，因此一開始最好先讓牠習慣新家庭的生活環境。如果因為希望牠早點親近人就隨意碰觸牠，可能會令牠感到恐懼，所以請別這麼做，耐心地在一旁守護牠就好。

除了接回家當天，在飼養的初期，更換飼料與飲用水、進行打掃時都要盡可能快速俐落，不要讓荷蘭侏儒兔感到太多壓力。大聲說話或突然劇烈動作都會令兔子感到害怕，因此說話請不要太大聲，移動也盡量慢一點，以免嚇到兔子。

一開始先溫柔地呼叫牠的名字，或輕聲向牠說話，不久之後牠就會慢慢記住飼主的聲音與氣味。

過了三到四天，侏儒兔熟悉飼主與周遭環境了，就將牠放出籠子吧。當牠能自己理解到這裡不可怕後，就會自行離開籠子。這時請不要突然抱起牠，靜靜觀察狀況即可。當你向牠說話時若牠有反應，再輕柔地碰觸並撫摸牠；若牠不會害怕，就可以抱起來了。在衛生方面，碰觸荷蘭侏儒兔前請務必洗手，碰觸後也別忘了再洗手。若有必要訓練上廁所，請從這個時候就開始教牠（參照重點30）。

健康管理的基礎在於每天清掃飼養籠

打掃是保持健康最好的方法，衛生不佳是百病之源。排泄物是身體健康的重要指標，還請時常檢查。

食盆、給水器、便盆與踏板都需要每天清理

健康的荷蘭侏儒兔不僅食慾旺盛，排泄也順暢。

清掃飼養籠的時間主要配合飼主本人的作息，不過也盡可能在每天固定的時間進行。清掃時可以將侏儒兔轉移至外出籠或其他地方，然後快速俐落地打掃乾淨。

一般的步驟是清洗飲水盤或給水器並更換飲用水，然後清除食盆中沒吃乾淨的殘渣，重新放進食物，若食盆有髒汙也可拿起來沖洗。如果踏板有糞便，就先將糞便清掉，再用擰乾的布或無酒精的寵物用紙巾擦乾淨。因糞便或尿液而弄髒的便盆要拿起來洗，木屑砂每天至少更換一次。由於兔子的尿液含有很多鈣質，如果放置不清理就會硬化，變得

每天清掃籠子很重要。

很難去除，因此最好勤快地每天清理。

如果是有托盤的兔籠，最後還要將籠子最下方的托盤清掃乾淨，並鋪上寵物用的尿布墊。

依照用途使用除菌消臭劑或尿垢清潔劑

兔子不小心在籠外排泄，或想要清掃籠內環境時，除菌消臭劑是很好用的利器。除菌效果能打造更衛生的環境，也能避免兔子生病。消臭劑請選用侏儒兔舔拭或碰到身體也沒關係的小動物專用消臭劑。另外，若便盆或地板沾附尿垢、難以清除時，可用市售的家兔專用尿垢清潔劑來清理，相當方便。

一邊打掃一邊確認籠內狀況為牠做簡單的健康檢查

在打掃籠子時，請養成仔細確認的習慣，看看飼料或牧草是否有殘餘，或籠內是否有會讓指甲勾到而使兔腳受傷的地方。

若是在荷蘭侏儒兔待在籠內的狀況下清掃，也可以在清掃的同時順便檢查看看兔子是否有什麼異狀、是否受傷或是否有活力等等，做個簡單的健康檢查。

Check!

清掃時的注意點與應該檢查的事項

清掃是保持衛生環境及了解荷蘭侏儒兔身體狀況的重要機會，尿液與糞便狀態、飲用水的減少程度或食物是否有剩、剩餘多少等等，都可以在此時一起確認。

例如沒有看到糞便、有糞便卻不多、或比平常要小時，可能是出現腸胃停滯（參照P110）的症狀。腸胃停滯表示腸胃蠕動不好，嚴重時可能有死亡的風險。腸胃停滯的成因除了水分不足、纖維質不足、運動不足、吞入異物等等之外，也有可能是身處陌生環境的壓力、溫度變化、噪音、對其他動物氣味的壓力等等。一旦發現兔子與平時的樣子不同，建議趕緊向獸醫師諮詢。糞便不要丟棄，最好一起帶去檢查。

主食是含有豐富纖維質的牧草＋提供必需營養素的專用顆粒飼料

●考量到營養的均衡，最推薦以牧草為主食＋能提供綜合營養的家兔專用飼料。

餵食牧草的正確方法

主要餵食給兔子的牧草是低熱量、含豐富纖維質的提摩西草。

餵養方式是給牠一整天能夠隨時吃、盡量吃的份量。

此外，成長期、懷孕期與哺乳期可以混進豆科的苜蓿草一起餵食。

只不過苜蓿草的鈣質與營養成分較豐富，若餵食太多給健康的成年侏儒兔，可能會造成結石或肥胖等各種問題，還請多加注意。

其他可餵食的牧草

為避免兔子出現挑食或營養偏差的情況，餵食各式各樣的牧草也是一個好方法。

除了提摩西草與苜蓿草以外，可以餵食的牧草還有禾本科的義大利黑麥草、果園草、

牧草種類	生命階段	特徵
提摩西草	全年齡	收割時間屬於一割的草纖維質最高也最硬，最適合用來防止牙齒咬合不正的問題。二割、三割相比一割更柔軟、便於啃食，因此若兔子不太愛吃一割的牧草，也可以追加二割或三割的牧草。另外，咬合力變弱的老年期兔子，則適合餵食最柔軟的三割牧草。
苜蓿草	幼兔、懷孕中或哺乳中的母兔	含有豐富蛋白質、鈣質、鉀、維生素A以及胡蘿蔔素。

葛蘭草、燕麥草等等。

餵食顆粒飼料的時機與次數

提摩西草雖然是主食，但只有提摩西草營養是不夠的。適量餵食含有綜合營養的兔子專用顆粒飼料，才能達到營養均衡。

餵食飼料的時機與次數，基本上以早晨、傍晚一天兩次的方式餵食，可以的話也盡量在每天固定的時間給予固定的份量。另外也請根據體重及運動量，參考飼料餵食說明或飼養書籍所記載的份量來餵食兔子。順帶一提，每天份量的標準，在成長期大約是體重的3～5％，成年時期則大約是1～3％。

餵食飼料的正確方法

如果只餵食單一種類的顆粒飼料，除了可能造成營養上的偏差，當平時餵食的飼料突然難以取得，只好改用其他品牌的飼料時，味覺敏感的荷蘭侏儒兔也可能拒絕食用。為了避免發生這種情況，平時最好準備兩到三種不同品牌的飼料，混在一起後再餵食給兔子。

Check! 餵食飼料時應注意的事項

兔子專用的飼料分為硬飼料與軟飼料兩種。跟直接餵食牧草（乾草）最大的差異在於，兔子吃東西時「到底用了多少牙齒」這一點。如果是牧草，兔子會用整排臼齒來磨碎堅硬的纖維，如此便能磨削臼齒，具有預防咬合不正的效果，而且豐富的纖維質也能幫助腸胃蠕動。硬飼料口感堅硬，能得到相同效果，但軟飼料過於柔軟，只餵食軟飼料可能造成咬合不正等各種牙齒疾病，因此若想餵食軟飼料，請與硬飼料混在一起後再餵食給兔子。再者，餵食太多高營養的飼料是造成肥胖的主因，如果平時還會給予副食品或點心，那就調整飼料的量吧。基本上飼料就是提摩西草的營養輔助食品，只要適量就好。

重點 14

透過餵食副食、點心增加侏儒兔願意吃的食材

平時也可以餵食蔬果或營養補充品當作點心。不過兔子要是吃太多點心，會開始抗拒吃重要的主食，請留意不要餵太多。

餵副食、點心的目的在於交流

副食與點心需要與主食分開計算與思考，不能因為餵了副食與點心而使兔子攝取主食的量減少。餵副食與點心的目的在於增加荷蘭侏儒兔願意吃的食物，以免因為某些原因不吃主食時沒有其他選擇。另一個目的則是與牠進行交流，幫助牠紓解壓力。

順帶一提，可以餵食的副食與點心主要是蔬菜、野草、水果（新鮮水果或果乾）以及營養補充品。

蔬菜或野草

青花菜

蒲公英

有些蔬菜及野草可以當作副食與點心餵食，有些則不行（參照重點15）。請參考以下建議，餵食少量即可。

可以餵食的蔬菜包含青花菜、紅蘿蔔、大白菜（※）、青椒、甜椒、蕪菁葉、花椰菜、高麗菜（※）、萵苣（※）、波士頓萵苣、小黃瓜、茼蒿、小松菜（※）、洋香菜（※）、芹菜、芫荽、白蘿蔔的葉、小白菜（※）、枇杷葉、番

（※）為必須多留意的蔬菜（參照重點15）

茄、鴨兒芹等等。野草類則可以餵蒲公英、薺菜、車前草等等。

水果富含維生素C等各類維生素、礦物質、膳食纖維，然而水果同時也富含醣類，因此請不要餵食過度，否則會增加肥胖、糖尿病及蛀牙的風險。

水果同樣也有可以餵食與不能餵食的分別（參照重點15）。請參考以下建議，餵食少量即可。

可以餵食的水果包含草莓、香蕉、梨子（※）、桃子、奇異果、蘋果（※）、鳳梨、木瓜、柿餅等等。果乾請選擇無加糖的類型。

木瓜乾

營養補充品

市面上的營養補充品有固體藥丸、濃縮液、粉末及液體等各種類型。

最常見的營養補充品是腸胃不好時，用來促進腸胃蠕動，具有整腸作用的乳酸菌或納豆菌；或是專為老年期及因為生病而免疫力下降的兔子所設計，含有增強免疫力成分的營養品。另外還有可以預防毛球症的木瓜酵素等等，種類相當豐富。

乳酸菌

Check!

兔子會食糞

食糞指的是吃下自己糞便的行為。這種可食的糞便稱為「盲腸便」，是重要的營養源。盲腸便的特徵是與顆粒分明的普通糞便不同，呈現柔軟的連串葡萄狀。

兔子之所以食糞，是為了將無法一次吸收完畢的各種營養素（蛋白質、盲腸內細菌所合成的維生素B群、維生素K等等）或腸道內的有益微生物重新攝入體內，這樣才能完整吸收食物的營養。

每天排泄量的一半以上都是盲腸便。因為兔子會直接從自己的肛門吃下盲腸便，而且通常會吃乾淨，所以飼主不太有機會看見盲腸便。

但有時候可能會出現與盲腸便不同的柔軟糞便（軟便），這多半是因為兔子攝取過多來自副食、點心等食物中的水分所導致。若發生這種狀況，可以先減少水分多的食物（蔬菜或水果等），再觀望一陣子看看。

重點 15

務必小心會造成食物中毒的食物

一起來認識荷蘭侏儒兔不能吃，或雖然可以吃但需要多加注意的食物吧。

蔬菜類

蔥、洋蔥、韭菜、大蒜、蕗蕎等蔥蒜類植物含有一種名為烯丙基丙基二硫醚的成分，而馬鈴薯的芽或皮則含有茄鹼，這些都屬於有毒成分。

雖然除了馬鈴薯的芽之外，這些植物在日常生活中都是人類吃了不會中毒的食材，但對荷蘭侏儒兔來說卻是有毒的食物，千萬不能餵食。

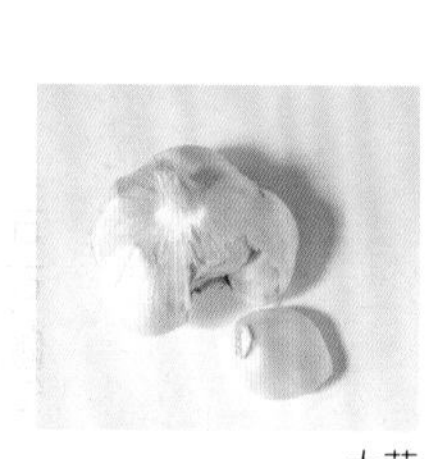
大蒜

另外，菠菜含有草酸鈣，可能會引起尿結石，酪梨則含有Persin成分，會引起兔子中毒。牛蒡也是絕對不能餵食給兔子的食物之一。

酪梨

大豆、小麥與堅果類

新鮮的大豆含有凝集素這種特殊蛋白質，會導致中毒或消化不良。小麥是引起毛球症的原因之一，會使盲腸中的細菌出現異常

大豆

花生

發酵的情況。堅果類（花生或杏仁果等等）由於脂肪成分較多，可能會引起腸胃不適，因此也盡量避免餵食給兔子。

水果類

櫻桃、梅子、桃子、枇杷、杏桃、李子等水果未熟的果實或種子含有有毒的扁桃苷，屬於危險的食材，請勿餵食給兔子。

其他人類的食物

蛋糕、巧克力、餅乾、洋芋片等零食，以及咖啡及酒類兔子都不能吃。尤其是巧克力含有咖啡因與可可鹼等有毒成分，會引起兔子嘔吐、下痢等症狀，對兔子而言是很危險的食物。

蛋糕

洋芋片

雖然可以餵但必須小心！

蔬菜或水果只要餵食的量少，通常都不會有問題，不過如高麗菜、萵苣、大白菜等蔬菜的水分很多，餵食太多可能會導致下痢。另外，如小松菜、洋香菜、芹菜、小白菜等蔬菜含有較多鈣質，過多則可能會引起尿路結石。梨子或蘋果等水果含有豐富植物纖維，太多也可能因為無法消化而導致下痢。還請充分注意餵食蔬果的量與方式。

對策

冰過的食物要回復到常溫後再餵食

夏天的時候為了保持新鮮度，往往會將食物放進冰箱冷藏，並在取出後就直接餵食給兔子，但其實兔子非常不喜歡食用冰涼的食物及飲用水。因此，從冰箱取出的食物還是先回復到常溫後，再餵食給兔子吧。另外，冬天時若飲用水太冰冷，也可以加進溫水方便兔子飲用。

比起飲水盤，更建議使用給水器或固定式的飲水器具

●荷蘭侏儒兔的飲用水要保持新鮮乾淨，並讓牠可以隨時飲用。

建議使用可以固定的容器來裝水

日本的自來水基本上都是軟水，在衛生上相當安全，當作飲用水餵給兔子並不會有問題。

飲水方法一般分為滾珠式的給水器與放置型的飲水盤這兩種，但荷蘭侏儒兔會玩水，也可能在移動時打翻飲水盤，因此建議使用給水器或用固定式的食盆。

若用放置型的飲水盤來喝水時

有些荷蘭侏儒兔不會用給水器喝水，只會用飲水盤喝水。但飲水盤比給水器更容易混入排泄物等髒東西，汙染水質。因此，若是使用飲水盤的話，需要注意水是否乾淨。

每天更換兩次新鮮的水

因為荷蘭侏儒兔的嗅覺相當發達，不新鮮的水會造成侏儒兔的壓力。最好的辦法就是每天給予新鮮的飲用水，打造可以讓侏儒兔想喝就喝的環境。

原則上每次更換飲用水時，都要將裝水的容器徹底洗乾淨，再裝進新的飲用水。大概的基準是給水器一天更換兩次，飲水盤則視情況每天更換兩次以上新鮮的飲用水。

換水時需要勤加檢查

更換給水器的飲用水時，最好細心確認飲用水的量。

若在每天固定的時間更換飲用水，就能輕易掌握兔子每天的飲水量，如此一來在考量季節變化或當天的食物等因素後，就能知道兔子的健康情形，檢查出是否有身體不適的狀況。

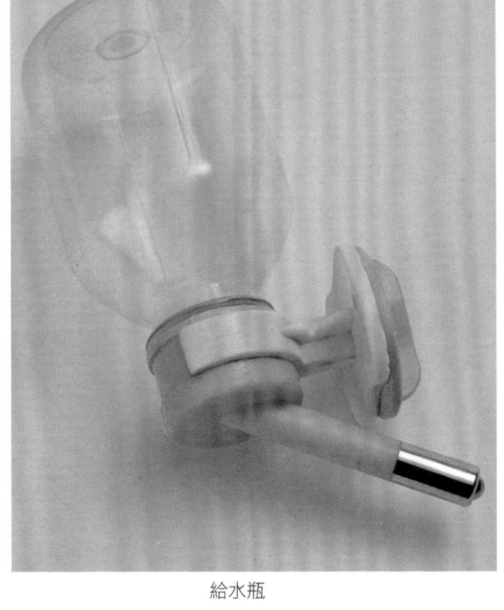

給水瓶

對策　荷蘭侏儒兔不願意喝水!?

荷蘭侏儒兔不願意喝水最常見的原因，就是沒辦法好好運用給水器喝水。除了這個原因之外，由於荷蘭侏儒兔天性較為敏感，在剛飼養的時候可能會因為急遽的環境變化，導致不吃不喝。另外，有時候也可能是因為討厭自來水中次氯酸鈣的味道而不願意喝水。

若為前者，只要讓侏儒兔漸漸熟悉環境，就會開始正常喝水了。而若是後者，就不要直接餵自來水，可以先將水煮沸後冷卻至常溫再使用，或是將自來水先裝在器皿中放置一天除氯，再餵給兔子。只要習慣了自來水的味道，即使不用放置一天也會開始願意喝水。

打造侏儒兔方便飲用的環境也非常重要。改變給水器的安裝位置，或連同飲水盤一起使用都是不錯的方法，各位可以多方嘗試。

順帶一提，若要飲用市售礦泉水，需要注意是否為鈣質含量多的「硬水」。硬水可能會導致尿路結石等各種疾病，所以鈣質含量少的「軟水」是更好的選擇。

重點 17

最舒適的溫度為十六～二十一度，濕度為百分之四十～六十

●想要打造荷蘭侏儒兔能夠舒適生活的環境，溫度及濕度調整是不可或缺的功課。

野生穴兔棲息的場所

荷蘭侏儒兔的原種「歐洲穴兔」棲息在伊比利半島（法國到西班牙一帶）。

雖然半島上各地區氣候有些許差異，但總體來說夏季涼爽，冬季則天氣穩定。

因此，想在氣候不同的地區飼養荷蘭侏儒兔，控制溫度及濕度就是絕對必要的條件。

為了保持荷蘭侏儒兔的健康，一整年（尤其是最重要的夏天與冬天）都應該適度利用空調與加濕器，使環境維持一定的溫度與濕度。

舒適的溫度與濕度

適當的溫度因個體而有差異，每天都要確認荷蘭侏儒兔的狀態，觀察牠是感覺到冷還是感覺到熱。為此，兔籠裡面必須設置溫濕度計。

荷蘭侏儒兔感到最舒適的溫度是攝氏十六～二十一度，濕度則是百分之四十～六十，但想在夏季維持這個環境其實是一件頗為困難的事。

為避免心愛的荷蘭侏儒兔中暑，要用空調將室溫調節到攝氏二十五度以下，再高也不能超過二十八度。

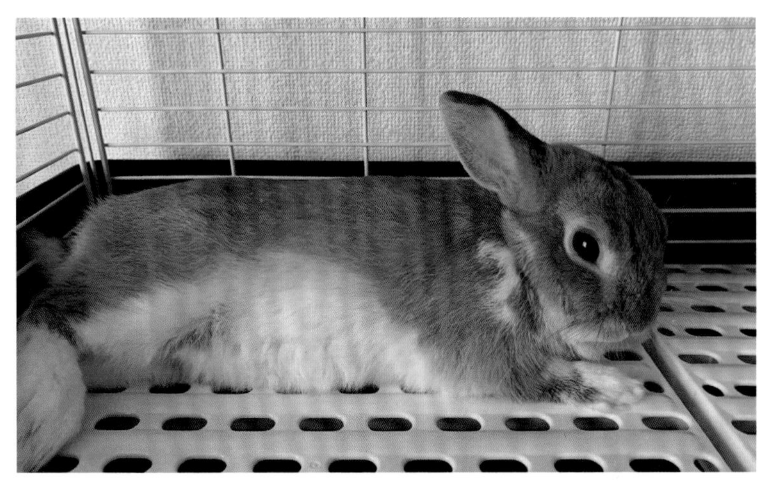

在籠子裡放鬆休息的荷蘭侏儒兔。

維持舒適溫濕度的其他注意點

為了順利管理室內的溫濕度，讓平時使用的空調或加濕器能夠保持正常運作的狀態，就必須勤加清理、進行保養。

此外，為了保持室內特定的溫濕度，往往會忽略掉通風換氣這件事。適度換氣，讓新鮮空氣可以流通也是很重要的，不過若打開窗戶換氣，會令溫度或濕度暫時產生變化，這對於身體嬌小、不耐急遽溫度變化的荷蘭侏儒兔來說很不舒服，因此要特別小心。

對策 荷蘭侏儒兔的換毛期

荷蘭侏儒兔每年有兩次換毛期，大約在冬天轉為夏天，以及夏天轉為冬天這兩段時間帶之間。具體來說，春天的換毛期會從冬毛換成夏毛，而秋天的換毛期則會從夏毛換成冬毛。

在換毛期間，由於全身都會開始掉毛，因此飼主必須比平常更頻繁地梳毛，以免侏儒兔把毛吞進去，造成腸胃停滯。

另外，也因為這個時期掉下來的毛比平常還多，甚至會飄在空氣當中，所以要盡可能勤勞地換氣、清掃地板與冷氣機等。當然，換氣時也務必要小心房間內的溫度及濕度不能產生太劇烈的變化。

每天都應勤勞地進行健康檢查

健康檢查是飼主每天最重要的工作。不要偷懶，請確實把這項工作做好。

確認荷蘭侏儒兔的食慾是否正常

在餵食的時候，每次都要仔細確認侏儒兔是否有食慾，或是否有就算想吃也吃不太下等症狀。

如果一放進食物就立刻開動，就是胃口好、身體健康的證明。

另外，最好每天都在同樣的時間給予同樣份量的飲用水，確認飲水的增減變化。

觀察荷蘭侏儒兔的狀態

平時也要勤加檢查荷蘭侏儒兔眼睛是否有神、是否清澈明亮、是否產生眼垢，並確認有沒有流鼻水以及呼吸不順的情況。

毛髮是否有光澤、有沒有脫毛而露出皮膚的部份、是否拖著腳走路等等也是必須細心觀察的項目。

為了兔子的健康，每天都要觀察記錄。（參照重點5「健康的檢查事項」）

檢查排泄物

糞便的量是否變少、變小，或是否有軟便或下痢、尿液是否帶血、身體是否有異味、排便或排尿時是否感覺疼痛等等，都是需要每天確認的事項，請各位飼主確實檢查。

測量體重

每天在固定時間測量體重，除了能管理日常健康狀態，也能幫助飼主早期發現疾病。

如果荷蘭侏儒兔已經成年，體重卻還一直增加，可能就是肥胖問題；而如果飲食的量沒有減少，體重卻急速下降，則可能罹患了某種疾病。

若是懷疑侏儒兔生病了，就帶著每天的健康記錄表前往動物醫院看診吧。

記錄表範例

日期　●年■月▲日

Name：

今天的體重：　　　　g

今天的玩耍時間：●點～●點

	主要的檢查項目	種類	量（g）
食物	主要餵食的食物		g
			g
	點心		g
健康狀態	外表	有活力・沒有活力	
	糞便狀態	正常・異常	
	令人在意的狀況		

Check! 每天記錄荷蘭侏儒兔的健康狀況

只要每天花點時間記錄荷蘭侏儒兔的健康狀況，生病時就能輕易確認身體從什麼時候開始出問題，以及飲食的量是否有變化等等，幫助飼主自己進行簡單的診察與治療。此外，健康記錄最大的優點是，只要帶去動物醫院給獸醫師看，獸醫師也能藉此更快找出疾病的徵兆或造成疾病的原因。

飲食的種類與份量、體重、排泄物的狀態、是否有活力、外表變化或其他問題等等，即便是簡單的形式都好，只要每天留下記錄，日後一定能派上用場。

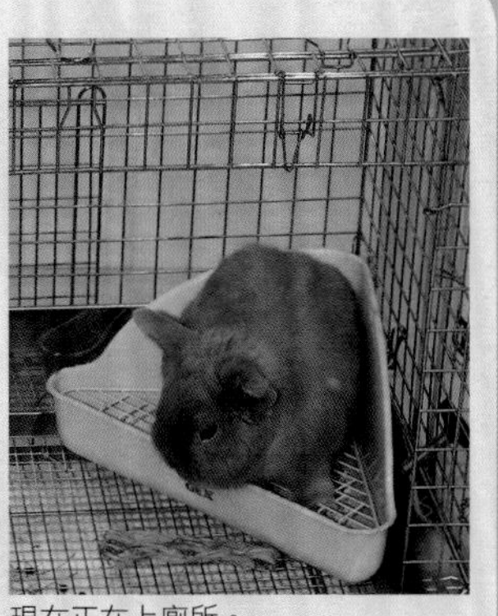

現在正在上廁所。

在一歲前盡可能給予多樣化的食物

●盡量在味覺尚未穩定的時期給予各式各樣的食物，增加荷蘭侏儒兔願意吃的食物種類。

荷蘭侏儒兔的生命階段

荷蘭侏儒兔的生命階段大致可分為以下五個階段：出生至三到四個月大為幼年期、三到四個月大至一歲為青春期、一歲到四歲為青年期、四歲到七歲為壯年期、七歲以後則為高齡期（十歲以上為「超高齡期」）。

荷蘭侏儒兔的生命階段

年齡	生命階段
出生至三到四個月大	幼年期（也稱為「幼兒期」）
三到四個月大至一歲（有些個體可能會延長至三歲）	青春期（或與「幼年期」合稱「成長期」）
一歲到四歲	青年期（也稱為「維持期」）
四歲到七歲	壯年期（也稱為「中年期」）
七歲以後	高齡期（也稱為「老年期」）十歲以上則稱為「超高齡期」

帶幼年期的兔子回家

一般來說，飼主可以帶回家的，多半都是出生超過兩個月左右的個體。此時已經過了離乳期，牙齒則在出生後四十天（約一個月半）前開始替換成恆牙。

這是急速發育的時期，需要大量的卡路里，因此盡可能給予吃都吃不完的牧草，顆粒飼料多給一點也沒關係。

牧草除了提摩西草之外，也請餵食富含蛋白質的苜蓿草。

但由於幼兔的腸胃功能仍然脆弱，也要小心不要讓牠拉肚子。

給予多樣化食物的重要性

在養成對食物的偏好之前，餵食各種不同類型、品牌或原料的主食牧草或飼料，或給予多樣的食物當作副食或點心是相當重要的事。

這麼做除了可以避免因挑食引起的營養失衡，也能增加侏儒兔願意吃的食材，以免生病或因為某種原因突然不吃平時的食物時，沒有其他選擇可供餵食。

Check!

注意肥胖

荷蘭侏儒兔的成長速度相當快，早在一歲左右就可能出現肥胖的問題。因此，雖然在六個月大前的成長期基本上可以無限制地給予主食，但在這之後就必須開始調整顆粒飼料的量，而且飼料本身也須替換成以提摩西草為主原料的產品，以苜蓿草為主原料的飼料卡路里已經太高了，還請各位注意。

事先了解該如何面對容易出現問題行為的青春期

●兔子在青春期時會萌發地盤意識，開始做出主張自我的行為。先透過本節重點，了解該如何應對青春期層出不窮的問題行為吧。

什麼是青春期

一般來說，自出生後三、四個月大開始的成長過程稱為「青春期」，是轉變為成兔前的一段時期。

以人類來舉例，這個時期正好差不多是十五歲左右。在這段特殊時期，兔子會開始萌生自我與地盤意識，並引起多種問題行為。身為飼主，最好先知道兔子有這段時期，並了解適當的應對方法。

另外，隨著每個個體的性格不同，有時青春期甚至會延長到三歲左右。

常見的問題行為與處理方式

騎乘行為

騎乘指的是動物為了展現自己

的地位，跨騎到對方身上並進行壓制的一種行為。以被飼養的兔子來說，就是騎到其他兔子身上，或騎到飼主的手臂及腳上不斷動腰的動作。特別是騎到飼主腳上的騎乘行為，一旦飼主沒有制止，兔子就會產生自己的地位比飼主更高的意識，這時候最好的辦法是把腳移開，無視兔子的動作。若騎乘行為真的很頻繁，那就給牠球類或玩偶等玩具進行發洩。

騎乘行為

噴尿行為

在便盆以外的地方噴灑尿液的行為稱為噴尿行為。公兔比較常噴尿，不過母兔也會。在兔子宣示地盤時或發情時，就能出現這種行為。作為飼主要注意的是，如果噴灑的尿液（有時甚至會有糞便）在清理後還殘留味道，那兔子的噴尿行為可能會愈來愈嚴重，因此每次噴尿後都要盡快清理乾淨並使用消臭劑徹底消除味道，不要讓味道殘留。

為了抑制這種行為，可以透過圍欄或其他方式限制兔子的活動範圍，不要讓牠擴張地盤，或是限制在籠外玩耍的時間等等，總之限制其行動或時間都會是有效的方法。

如果噴尿行為真的太過嚴重，也可以考慮結紮。

突然咬人

到了青春期，至今從來沒咬過人的兔子或許會出現突然咬人的情況。

有時候飼主的手忽然從正上方伸向兔子時，兔子的確可能因為受驚嚇而咬人，然而在青春期，兔子甚至會毫無理由地啃咬飼主。當發生這種情況時，要以堅決的態度和簡短的話語如「不行！」來斥責牠。如果飼主在這個時候退縮或逃離，兔子就會認為自己地位更高，往後只會變本加厲。若斥責後情況仍沒有改善，飼主可以用自己的身體輕壓住兔子，並用下巴磨擦兔子的頭，藉此告訴牠人類的地位比牠更高。要是兔子變得安分了，可以輕柔地撫摸牠當作獎勵。在反覆這麼做後，兔子應該就不會再咬人了。不過若咬人的情況最後還是沒有改善，還有結紮這個手段，請各位向熟識的獸醫師諮詢後再做判斷吧。

討厭抱抱或清潔護理

某些兔子討厭被抱起來或進行清潔，甚至因此而咬人。抱抱或清潔對兔子而言就像被抓起來一樣，所以很多兔子會本能地討厭這類行為。

放出籠外的兔子若討厭抱抱，就要思考如何營造可以迅速將兔子抱起來的環境，或是學會在觀察情況後看準時機將兔子抱起來的技巧。另外關於清潔護理，最有效的方法就是帶到兔子尚未有地盤意識的其他地方進行。之所以這麼做，是因為青春期的兔子會保護地盤，厭惡其他人侵入地盤內，然而若是在地盤之外，兔子情緒就不會太緊繃，牠願意的

話就會乖乖讓飼主清潔。關鍵在於完成清潔後，最好還要給予牠獎勵，使牠了解在忍耐過後就會發生開心的事或有好吃的東西，這麼一來兔子以後在清潔時便會愈來愈順從。

假性懷孕

假性懷孕是指母兔雖然沒有真的懷孕，但因為荷爾蒙的平衡問題使母兔誤以為自己懷孕，於是開始做生產用的兔窩等一系列行為。具體來說，可以看到母兔開始拔自己的毛，並將這些毛或牧草等集中在一處之類的。

這是一種本能，並不是病症，大約持續兩週就會平靜下來。

最好的應對方法是打造不會助長這種行為的環境。例如，當發現兔子口中啣著毛時，悄悄將口中的毛給拿掉。將牠拔下來集中在一處的毛清理掉，或是給予較長的牧草等，這些都能間接制止牠無端拔毛的行為。另外，為了讓牠的注意力從做兔窩轉移到其他行為上，也可以給牠能夠吸引注意力的玩具等物品。

由於假性懷孕有時會使兔子分泌乳汁，因此飼主若有機會，請試著輕輕觸摸牠的乳房，如果感覺溫度較高或有乳房脹大的情況，請向獸醫師諮詢。

青年期到壯年期應注意肥胖問題

●活力最為充沛的青年期，以及進入老年期前的壯年期，最需要的就是每天持續不懈的營養管理與照護。

打造能每天讓牠跑三十分鐘到一小時的環境

進入青年期（維持期／一歲～四歲左右）的兔子會更具活力，更加活潑好動。

這時期重要的是給予牠能夠每天跑跳三十分鐘到一小時的環境。若家中沒有適合的房間，就要在圍欄或飼養籠裡放入能讓牠運動的器材。

青年期必須重新檢視食物的份量

雖然青年期的兔子食慾很旺盛，但此時最為重要的是給予適當的食物與份量。如果飼料還像之前的成長期般給予體重3～5%的份量，兔子可能會開始發胖。一般而言在維持期，體重的1～3%是最適當的份量。請各位了解此時期兔子的標準體重，

並據此調整食物的份量。

注意繁殖與打架行為

若未進行避孕及結紮手術，且生殖器也已經發育成熟，那麼將公兔與母兔放在同一個空間，很快就會進行繁殖行為，因此若沒有打算繁殖下一代，請注意公兔與母兔的相處。此外，即使是比較適合彼此同居的母兔，在自我主張較強的時期也常常會打架，請飼主務必多加小心。

壯年期要特別注意肥胖問題

進入壯年期（四歲～七歲左右）後，身體機能開始衰退，每天的活動量會漸漸減少，也開始需要擔心各種疾病。這個時期最需要小心的就是肥胖。肥胖不僅會造成腳底、關節、心臟及其他器官的負擔，也可能因為身體胖到難以食糞，導致必須營養素攝取不足等問題。最佳的預防方法是運動及飲食控制，譬如在主食的牧草（主要是提摩西草）中混入低卡路里的葛蘭草等其他牧草，或將飼料更換成以提摩西草為主原料的類型等，在食物內容及份量上進行調整，是這個時期飼主最重要的工作。

做好進入老年期的準備

壯年期另一個重要的課題，是必須做好充足準備，迎接從七歲起到來的老年期生活。就算這時每天都很有活力，但若是必要的管理與控制有所懈怠，那麼到了老年期或許就會生病，這時期的營養狀態可說是關乎老年期的健康程度。

老年期需要更加細心注意身體狀況

一起來事先了解老年期的照顧方式吧。

必須更加注意溫濕度管理

荷蘭侏儒兔從七歲左右開始就進入了老年期。隨著老化，身體會變得不再像年輕時有充足體力抵禦冬天的寒冷及夏天的炎熱，而且免疫力也會下降，變得容易罹患各種疾病，因此飼主必須花費更多精力注意環境的溫濕度管理。

打造安全又舒適的環境

老年的兔子不僅運動能力下降，動作變得遲鈍緩慢，視力也會減退，胃口不如以往。另外，到了這時期也無法好好上廁所，常會因為忍不住而在便盆以外的地方排泄。此時必須重新思考籠內的環境，讓老年的兔子能過得安全又舒適。

關於踏板，最重要的就是布置好排泄物容易掉到下方，不容易弄髒身體的環境。譬如，若籠子下方有金屬製的底網，那就在一部分的底網上鋪設對腳負擔比較小的木製踏板或稻草墊。此外，如果足腰部變得無力，那麼就需要消除高低差，並將食盆放在較低的位置，給水器也要變更為方便飲用的虹吸式飲水盆。

配合個體狀況調整飲食

由於運動量減少，能量的代謝能力也降低，因此最好從壯年期開始就要慢慢替換成低卡路里且好消化的食物。

高齡的兔子不僅胃口會變差，有時候連水分也無法順利攝取。當發現食慾降低時，可以餵食營養均衡，而且符合牠喜好的食物來促進食慾。至於水分攝取不足的問題，則可以藉由給予低滲透壓飲料（※）或富含水分的蔬菜來解決。

若是發現兔子用掛在籠子上的給水器喝水不太順利，建議改用放在地上的虹吸式飲水盆，或用固定式的食盆。

（※）低滲透壓飲料指的是一種調整過滲透壓的飲料，能比普通的水更快被身體所吸收。

定期檢查很重要

進入老年期後，為了讓獸醫師能親自診察兔子的健康管理是否做得周到，建議至少每半年一次，或視個體情況，每三個月就前往醫院接受定期檢查，看看是否有什麼疾病。

對策
注意老年期的受傷及罹病風險

關於老年期的風險如同前面所述，以運動能力來説四肢會開始變得無力，下半身則變得瘦弱，使得腳步不穩甚至走路搖搖晃晃。想要像以前一樣跳躍，也可能面臨施力不足而摔倒受傷的危險。視力減退同樣也可能是兔子走路跌倒的原因之一。

內臟器官的功能也會在這時衰退，下痢、便祕、容易疲勞都是常見的症狀。有些兔子會有食慾不振、身體日漸消瘦的問題，但反過來也有食慾不變，但因為運動量減少，結果造成體重增加的例子。此外，老年期的兔子不如年輕時頻繁理毛，因此毛髮會變得雜亂乾燥，失去光澤。還有免疫力衰退，使得兔子變得容易生病，睡眠時間大幅增加。

綜上所述，相比起青年期及壯年期，老年期的荷蘭侏儒兔會因為衰老而出現各種機能及身體的變化。飼主們請在充分理解這個時期的兔子所面臨的挑戰後，盡可能為牠打造出最舒適的環境吧。

飼主必須具備繁殖相關知識並負起責任

飼主必須事先了解荷蘭侏儒兔的繁殖方法與繁殖時的注意點。

請對繁殖負起責任

與人類相同，動物的繁殖也同樣非常危險且艱辛。

從外面迎接新的荷蘭侏儒兔回家，或家中誕生新的個體時，都需要更多花更多心力與飼養費，而且到來的新生命或許還會再活個十年以上。

不能只是因為可愛就讓兔子們繁殖。若下定決心要迎接新的家人，就必須懷著愛意、負起責任，照顧牠直到最後一刻。如果真的沒辦法飼養新誕生的荷蘭侏儒兔，那麼請尋找願意購買或領養的飼主，讓牠們有個新的家。

一開始就要思考究竟適不適合繁殖

若母兔罹患有先天性的咬合不正、神經功能障礙等遺傳疾病，就有可能產下具有同樣症狀的幼兔，因此請避免讓牠們進行繁殖。此外，個性過度神經質、太過膽小或攻擊性太強的個體也不適合繁殖，還請飼主多加注意。

天生容易生病、患病中及患病後、過瘦或過胖的個體繁殖風險較高，請避免進行繁殖。

最後，近親交配可能會生出體質虛弱或畸形的幼兔，請絕對不要嘗試。

性成熟的時期

荷蘭侏儒兔的性成熟期雖然隨著不同個體而有差異，但大致來說無論公兔還是母兔，比較早的會在三～四個月大時性成熟，而一般則在六～十個月大時性成熟。

發情與繁殖行為

兔子全年皆可以繁殖，不過繁殖盡量避免梅雨、盛夏、嚴冬等時期，最好選擇氣溫變化不劇烈，生產及養育都比較容易的春天或秋天。

發情時，公兔常會出現騎乘玩偶或飼主的手腳（騎上去扭腰的動作）、噴尿宣示地盤（噴濺尿液）、跺腳（用後腳大力蹬地發出聲音）、或是用下巴的臭腺分泌物抹擦到其他物體上等各種行為，母兔則是生殖器會變得紅腫。此外，母兔有一定的發情週期（會反覆輪替長達七～十天可交配的許可期，以及一～兩天的休息期），只要公兔在許可期騎乘上去，母兔就會抬起尾巴，準備進行交配。兔子會因為交配而刺激排卵，屬於交配排卵型的動物。

對策 荷蘭侏儒兔的懷孕與生產

只要受精成功，交配後經過三週就能看見明顯突起的腹部。兔子的懷孕期為二十八～三十六天（大多都是三十一～三十二天），在此期間最重要的事就是盡可能減輕兔子的壓力，安靜地生活。原本每天都要做的籠內清掃，在這時期只要做到最低限度的清掃即可。

接近生產時，母兔會啣牧草或自己的毛開始築巢，因此從預定生產日的五～七天前開始，要幫牠準備多一點的牧草在籠內，並放進巢箱協助牠築巢。另外，這個時期的母兔特別神經質，人類不可以去窺視或碰觸巢箱，建議用布或紙箱把籠子整個蓋住，悄悄地在一旁守護就好。生產通常會在夜晚到清晨進行，一次平均能產下兩～三隻幼兔。

了解繁殖的正確步驟

想繁殖荷蘭侏儒兔必須知道正確的步驟，並做好事前準備。

公兔與母兔的配對

若已經飼養了一對長期一起生活的公兔與母兔，應該就不會有適配度的問題，不過若是目前養了一隻，然後還想要迎接另一隻來繁殖的話，那麼確認彼此的適配度就很重要。配對的方法是先將公兔與母兔放進不同的籠子裡，並為了讓雙方能感受彼此的味道，將彼此的籠子靠近放在一起，然後觀察數日。

輔導雙方同居

當彼此熟悉對方的味道後，就試著讓牠們見面吧。要放進同一個籠子時，請將母兔放進公兔的籠子裡。如果反過來，可能會因為母兔地盤意識太強而打架。

同居後若雙方會大打出手，那就趕緊將籠子分開來。

如果雙方不會打架，看起來很和睦的話就表示彼此很合得來。

如果其中一方變得有攻擊性，或對彼此沒有表現出興趣，那就表示雙方合不來，這時請盡快將彼此放進不同的籠子裡，再思考是否要與其他個體進行配對。

交配與時間

交配時，公兔會騎乘到母兔身

上。當公兔發出尖銳的叫聲並往旁邊倒下，就表示完成交配了，整個過程約三十秒左右。有時候交配完成也不一定會發出尖叫或倒地。

關係親密的伴侶。

對策

荷蘭侏儒兔懷孕期間的照護與生產後的注意事項

荷蘭侏儒兔在懷孕期間胃口會變好，尤其在後半期更是食慾大增，這時可以參照平時的飲食量進行調整，並添加其他食物（如營養補充品等等）來補充營養。牧草雖以提摩西草為主，不過視個體的食慾及身體狀況，建議也可餵食營養價值更高的苜蓿草。水分也請給得比平時更多一些。

生產大多都在夜晚到清晨這段時間進行，整個過程持續約三十分鐘。生產途中飼主絕不能出手協助或照料。

生產後若母兔覺得無法安心哺餵幼兔，或產下的幼兔沾染其他氣味，都可能致使母兔放棄育兒。

因此若飼主想要確認巢箱中的幼兔狀況，或需要清掃巢箱內部的話，就要先將母兔帶出籠子外面，用飼料或喜歡的玩具等讓母兔分心後，再戴上工作手套進行確認或清掃，以免幼兔沾染到人的氣味。

此外，確認完巢箱內部狀況後，也要盡量回復到原本的環境。如髒掉的牧草等一部分必需品雖然可以清理或替換，但像是拔掉的毛等等就要保持原樣，不要隨意清理掉。

專欄1

以「為有兔子的生活提供協助」為開店理念

打造任何家庭都能與兔子一同度過美好時光的生活風格

現在全世界的寵物兔品種多達一百五十種以上，光是在美國就有五十個品種（※）。我們向協助監修本書的町田先生詢問兔子的魅力，以及他所做出的嘗試及應對。

有限公司OGU・兔子尾巴社長
町田修先生

兔子如今已是最受歡迎的伴侶動物之一

「到了今日，人們才實際體會到兔子真的是可以與人類心靈相通的伴侶動物。」町田先生如是說。

歷史上人類與兔子之間的關係雖然源遠流長，然而人們對兔子的生態卻是一知半解，於是產生了許多如「兔子太寂寞會死」、「不可以餵水給兔子」等嚴重的誤會。兔子被認為是種只適合放養在外的寵物，甚至許多人都對兔子抱有「骯髒」、「很臭」等偏見。

在社會上仍存在這類認知之時，町田先生便開始對兔子產生興趣，進而親自飼養，並網羅了各式各樣與兔子有關的知識，這才發現兔子既不臭也不會叫（不會影響鄰居），而且可以像狗一樣進行管教，個性更是相當親人，能療癒飼主的心。兔子的魅力，正是在於牠能與陪伴人們一起生活，度過開心美好的時光。

「現在有很多公寓大樓都允許飼養寵物了，不過在我們剛開始想經營寵物兔商店時，幾乎沒有公寓可以養寵物。幸好兔子不會叫，而且即使一個人住，只要做好各種準備也能體驗飼養的樂趣。我當時認為兔子在將來，必定能成為日本最受歡迎的寵物之一。」

順帶一提，町田先生創立的「兔子尾巴」（Rabbit tail）寵物商店，是在一九九七年五月橫濱市磯子區的山丘上，從一間住宅區的民宅起家的。之後隨著愈來愈多飼主將單純的寵物視為關係更親密的「伴侶動物」，店鋪也順利地拓展出去，目前已有橫濱、惠比壽、洗足、柴又、吉祥寺、二子玉川、Olinas錦糸町、海老名Vinawalk、南町田Grandberry Park、越谷LakeTown、幕張新都心等十一間實體店面以及網購部門。

※號稱世界最大規模的家兔育種協會ARBA（American Rabbit Breeders Association）中登記了五十種家兔公認品種（二〇二一年的資訊）。

為了提升兔子的地位

雖然現在市面上已有多種兔子專用的商品，但在創業之初的九〇年代，日本國內尚未開發兔子專用的飼養用具，所以起初商店內販售的飼養用具幾乎都從美國進口。根據町田先生所說，這些皆是他親自前往美國選購適合的商品，再帶回日本進行販售的。

而在這樣的狀況中，町田先生說道：

「如同剛創業時我們的初衷，始終都是希望將兔子作為寵物的地位提升到與貓狗相當。這麼一想，若我們不能打造出飼養用具或及飼料優質、好用而且容易入手的環境，那麼想要像貓狗一樣受到廣大飼主歡迎幾乎是不可能的。」

因此町田先生開始積極向日本製造商提出建議，與製造商共同開發飼養環境中不可或缺的各種商品。（接續專欄2）

店內商品豐富，種類齊全（照片為橫濱店）。

第3章

檢視居住環境

～改善居住環境的重點～

重點 25

身體髒汙用專用噴霧及廚房紙巾輕輕擦乾淨

● 洗澡後可能會因為壓力或身體淋濕的狀態，造成皮膚病及各種不良影響。因此如果身體髒了，建議使用專用噴霧噴灑髒處，再輕柔地把髒汙擦乾淨。

一點小髒汙也要擦掉

天性喜愛狹窄處的兔子在房間裡散步時，可能會鑽進滿是灰塵的家具縫隙中，讓腳或身體沾滿灰塵。踩到踏板或地板上的尿而把腳弄濕也是很常見的情況。

如果在意這些髒汙，那麼建議可以將清潔用的噴霧噴到髒處，再用衛生紙或廚房紙巾擦掉即可。

用溫水局部清洗

荷蘭侏儒兔會食糞，沒吃乾淨的盲腸便或許會沾黏在肛門周圍或腳底，甚至變硬而難以清理，這種情況下就算噴上清潔噴霧也可能擦不乾淨。如果像這樣髒汙很嚴重時，可以在臉盆中裝入溫水，輕柔地將髒掉的部分清洗乾淨。

局部清洗的步驟

①在臉盆等容器裡裝入溫水。

②髒掉的地方泡進溫水中，然後輕柔地搓洗。

③將髒汙搓洗乾淨後，接著用毛巾仔細擦乾濕掉的地方。

④若有必要，也可以使用吹風機將皮膚部分吹乾，不過必須小心熱風吹的方式，避免讓兔子感到燙或不舒服。

重點 26

清除耳朵的髒汙

如果荷蘭侏儒兔的耳朵表面髒了，就好好地將髒汙擦乾淨吧。

需準備的用具

・小動物用清潔噴霧
・棉花棒
・衛生紙

清理的範圍與頻率

為避免棉花棒不小心插進耳朵深處，使耳朵受傷，只清理耳朵表面及耳孔周圍也沒關係，而且只有髒汙很明顯時才需要清理。若有必要清理到耳朵裡面，請洽詢獸醫師或寵物兔專賣店。

清理耳朵的方法

抱起兔子，固定在自己的大腿之間，然後其中一隻手翻開耳朵，另一隻手清除耳朵的髒汙。

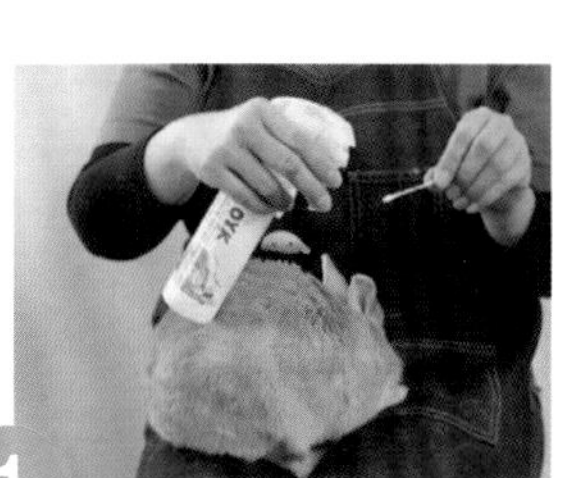

1 棉花棒的頭噴上清潔噴霧。

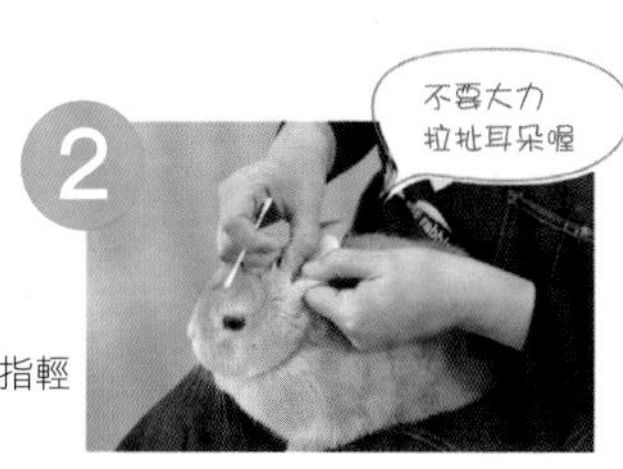

2 拿著棉花棒，然後用手指輕輕撐開耳朵的根部。

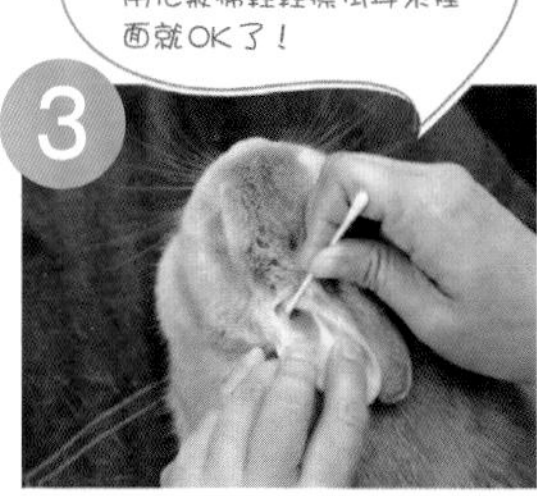

3 用棉花棒輕柔地除去髒汙。只要清理眼睛看得到的範圍就好了。接著以同樣的方式清理另一邊的耳朵。

重點 27

清除臭腺的髒汙

如果屁股的臭腺髒了，也請幫牠清理乾淨。另外，這項作業對新手飼主來說頗為困難，還是交給寵物兔專賣店的美容師或獸醫師處理吧。

需要準備的用具

- 小動物用清潔噴霧
- 棉花棒或化妝棉
- 寵物美容梳

清理的範圍與頻率

肛門旁邊的鼠蹊腺是很容易累積分泌物的部位。

一日分泌物累積，就會形成髒汙黏在鼠蹊腺上，並散發出臭味。若味道愈來愈難聞，可以用以下方法清除髒汙。

清除臭腺髒污的方法

將荷蘭侏儒兔四腳朝天放在大腿上，然後用前臂穩穩地托住身體的側面。

1 溫柔地撐開雙腳（照片為母兔）。

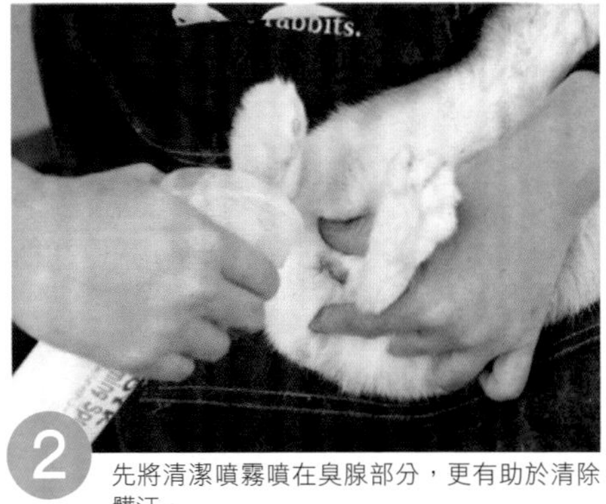

2 先將清潔噴霧噴在臭腺部分，更有助於清除髒汙。

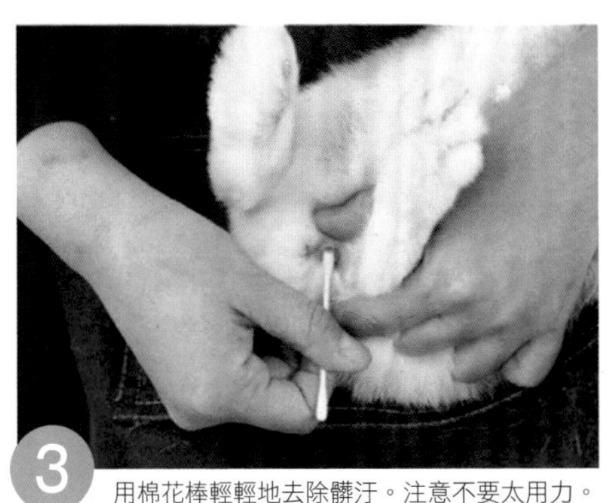

3 用棉花棒輕輕地去除髒汙。注意不要太用力。

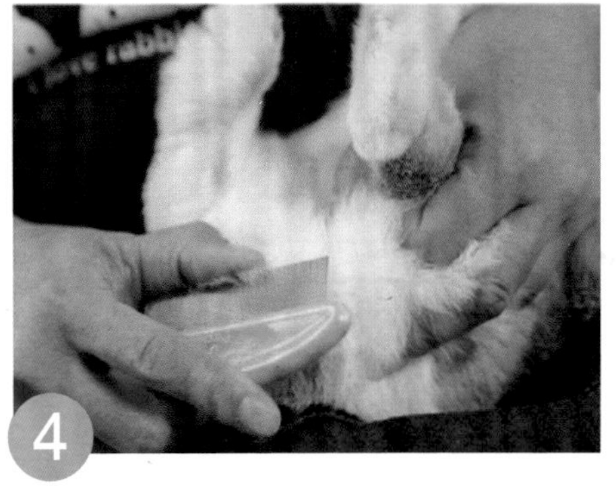

4 如果連屁股都沾到分泌物，那麼可以將拇指抵在美容梳（照片中為寵物用的密齒梳）的梳針上以免劃傷皮膚，並只針對髒掉的地方梳毛，將髒汙給梳下來。

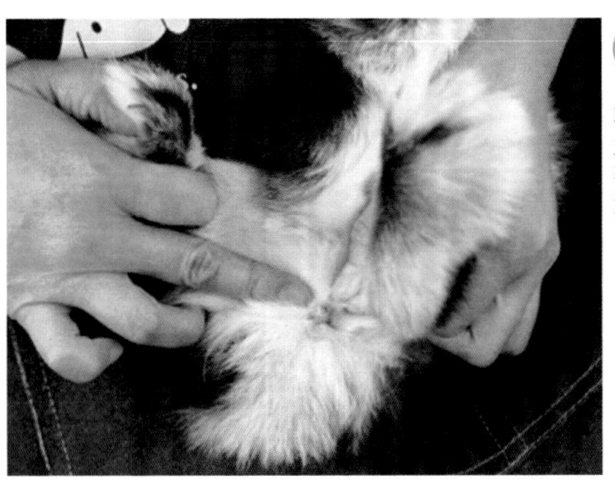

公兔的清理

輕輕撐開雙腳，然後確認睪丸的位置，並檢查是否有發紅或腫脹的情況，接著與母兔相同，清理臭腺與屁股上的髒汙。

※如果發現紅腫，請盡快向專賣店或獸醫師諮詢。
※在兔子三個月大前，睪丸會一直藏在肚子裡面，因此有時候會難以判別睪丸的狀況。

重點 28

每一個月半～兩個月至少剪一次指甲

●若指甲變長了，請適當地將指甲剪短。

需要準備的用具

・小動物或兔子專用的指甲剪
・毛巾（兔子突然尿尿時的對策）

剪指甲的頻率

若是野生的兔子，會在挖洞、奔跑時漸漸磨損指甲，因此野生兔子並不需要剪指甲，但飼養的荷蘭侏儒兔畢竟不是處在野生環境中，沒有磨損指甲的機會，指甲便會不斷生長。雖然每個個體不盡相同，但大致來說生長快的個體，需要每一個半月至兩個月剪一次指甲。

如果放任指甲生長，不僅會嚴重影響荷蘭侏儒兔的日常活動，還可能因為勾到物體使兔腳受傷，或是抱起來時劃傷飼主的手掌及手臂，所以剪指甲是必須的工作。

指甲可以剪除的範圍

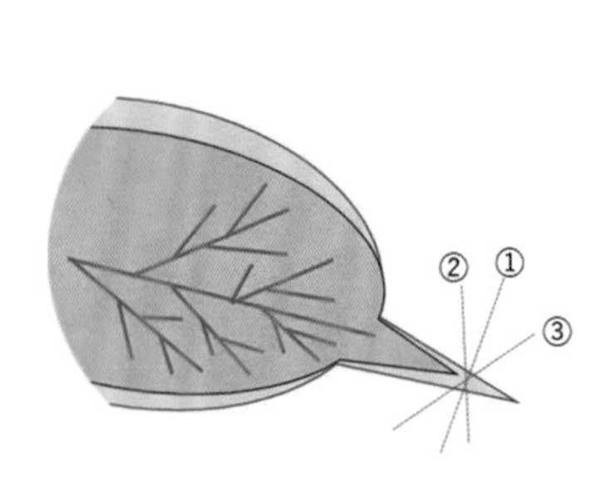

從距離血管二～三毫米之上的位置剪掉指甲。

兔子後腳有四根腳趾，前腳則有五根腳趾。由於指甲中還包著血管，因此要從距離血管二～三毫米之上的位置剪掉指甲。一開始可以先剪平（圖①），接著剪掉斜面的兩處尖角（圖②及③），最後將指甲磨圓，這麼一來指甲就不會勾到其他物體而受傷。

剪指甲的方法

如果獨自一人難以處理，可以兩個人合作一起剪。一個人抱住兔子並遮出指甲，另一人則負責剪。不需要一次就把所有指甲剪乾淨，分成數次剪也沒關係。若還是不太會剪，就交給寵物兔專門店或獸醫師吧。

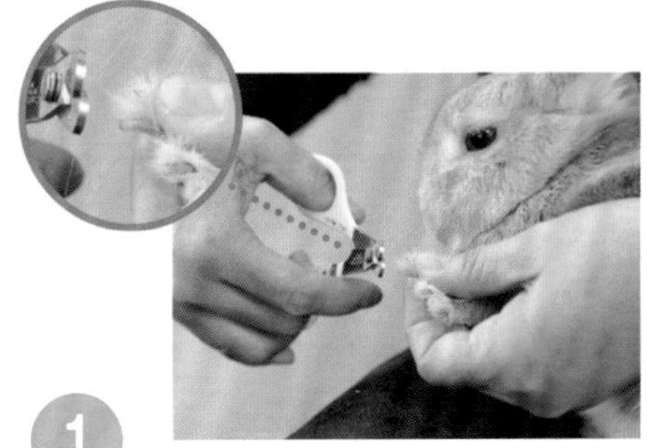
1 將兔子的後腳固定在大腿之間，然後從左前腳的腳趾開始一根一根剪。剪的時候要把毛分開，並壓著指甲的根部再剪。

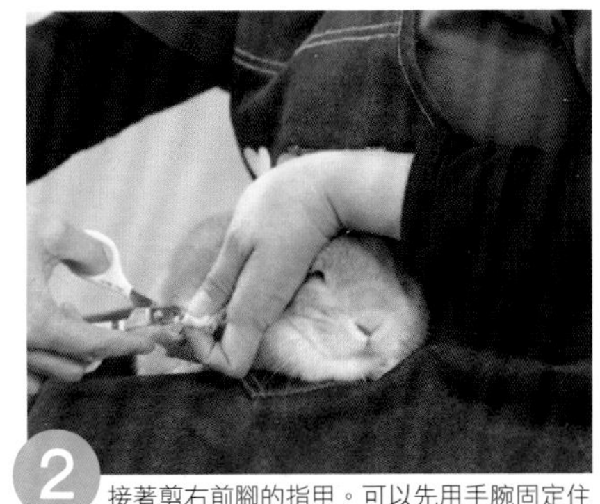
2 接著剪右前腳的指甲。可以先用手腕固定住兔子的頭，再繼續剪指甲。

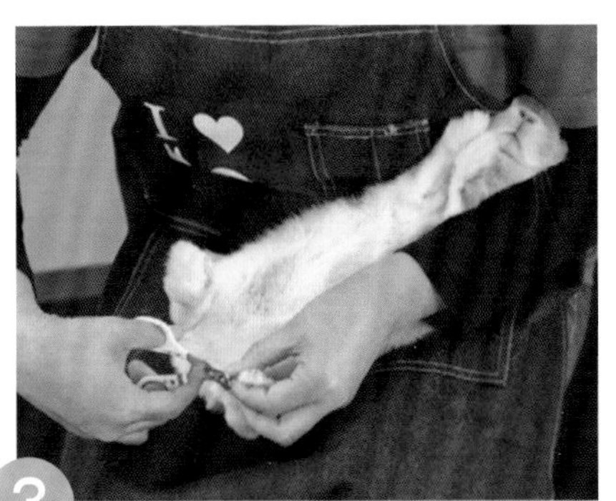
3 剪後腳的指甲時讓兔子朝上翻過來。用前臂進行保定後，壓著指甲根部一根一根剪。

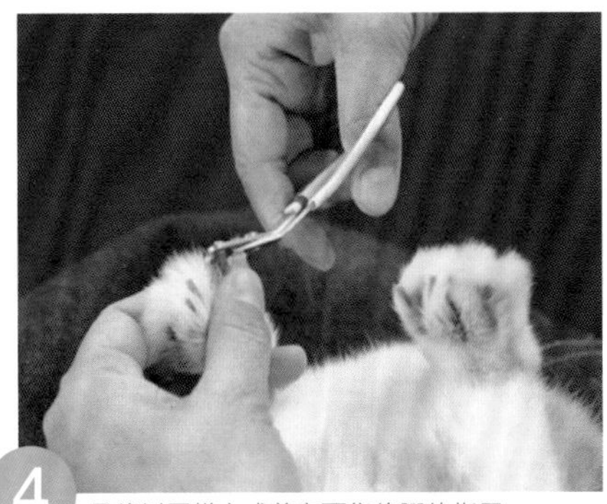
4 最後以同樣方式剪完兩隻後腳的指甲。

重點 29

定期梳毛以免兔子吞進過多的毛

●梳毛同時也是與兔子進行交流的手段。每週一～兩次，換毛期則增加梳毛的頻率。

飼主進行梳毛的意義

梳掉毛中的髒汙

附著在毛髮裡面的髒汙難以去除，而梳毛就有將這些毛髮裡面的髒東西梳下來的效果。雖然毛髮太髒的話也可以選擇清洗，不過大多數的髒汙都不需清洗，只要梳毛就可以了。

梳掉雜毛或換毛期掉下來的毛

在春季與秋季的換毛期所掉落的毛特別多，這時荷蘭侏儒兔會自己舔拭、整理毛髮，而往往也就因此吞進了過多的毛。若能將這些毛順利排出體外那倒沒問題，然而有時候也可能阻塞在腸胃中，引發危險的疾病（毛球症／參照重點44）。因此飼主可以事先透過梳毛，清理掉這些多餘的毛髮。

換毛期中請至少每二～三天梳毛一次。

檢查健康狀態

梳毛也是檢查皮膚或毛髮狀況的好機會，可以在此時順便觀察荷蘭侏儒兔的健康狀態。另外，據說梳毛也有按摩皮膚，促進血

液循環的效果。

需要準備的用具

- 清潔噴霧
- 橡膠毛刷
- 寵物美容梳

梳毛的方法

將兔子抱起來並固定在大腿之間，在梳毛的同時輕聲對兔子說話，安撫情緒。

1　左大腿稍微抬高，讓荷蘭侏儒兔的姿勢保持穩定，然後用手遮住臉部，再對身體噴上四～五次清潔噴霧。

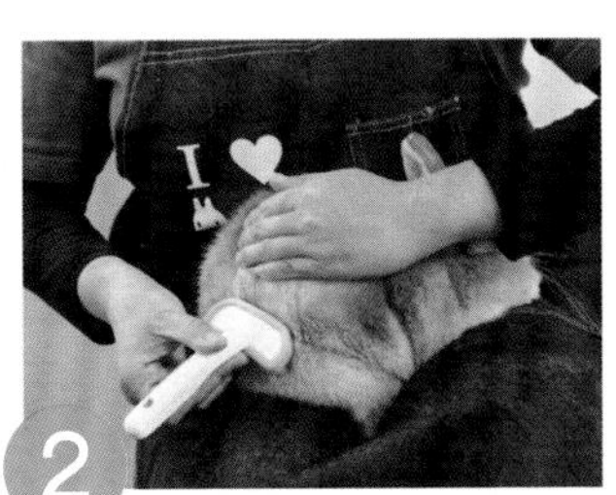

2　將噴霧的液體仔細揉進毛髮中，然後其中一隻手壓開毛髮，再用橡膠毛刷如撫摸般，從表面的毛髮根部開始梳毛。

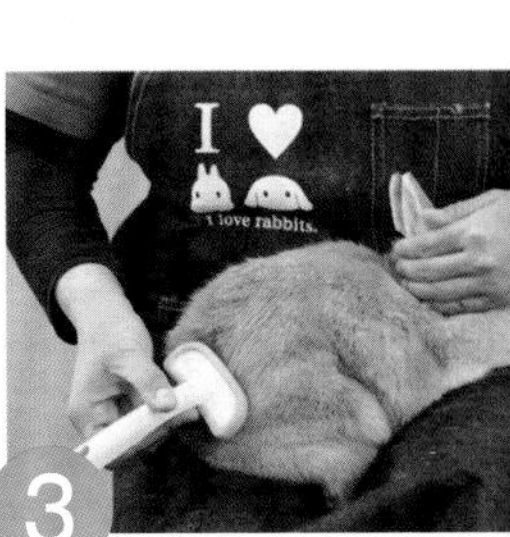

3　將身體中心的毛梳理整齊。橡膠毛刷方便好用，也不傷皮膚，可以梳掉細小的掉毛。另外，毛刷也有按摩效果，可促進血液循環。

用美容梳梳理出漂亮整齊的毛髮與光澤

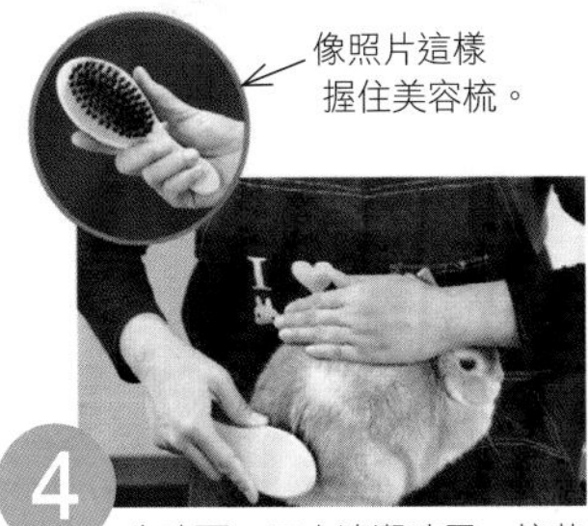

4　先噴兩～三次清潔噴霧，接著用手指壓開表面的毛髮，用美容梳從根部開始梳理，這樣可以讓空氣混進毛髮中，幫助毛髮乾燥。

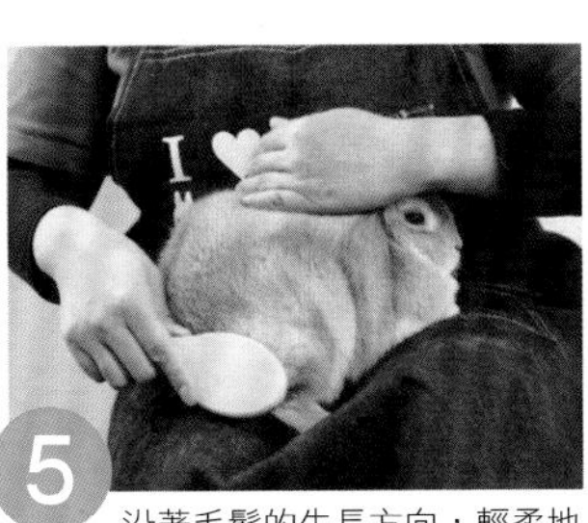

5　沿著毛髮的生長方向，輕柔地為整個身體梳毛，梳出毛髮的光澤。

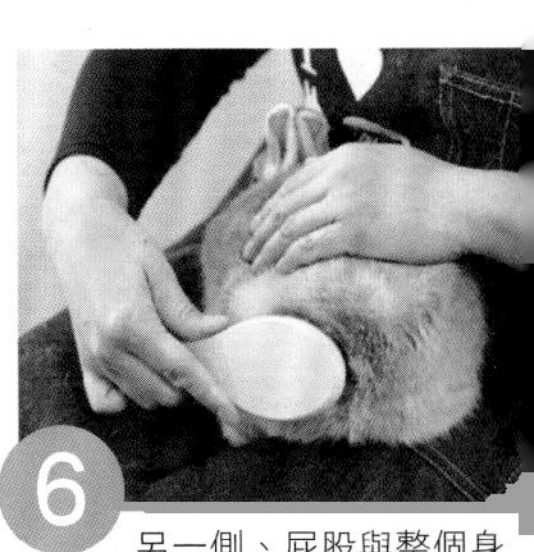

6　另一側、屁股與整個身體都梳完後，最後沿著身體中心梳理毛髮。

想透過管教加深信賴關係，最重要的是抓準責罵的時機

荷蘭侏儒兔是相當聰明的動物，因此飼主可以針對不希望牠做的行為進行管教。

重要的三個管教原則

人類與荷蘭侏儒兔若想要一起度過舒適的生活，那就需要制定規則。

而這得透過管教來學習。想要管教兔子，必須記住三個重要的原則。

第一個是當兔子做出不可以做的行為時，請當場斥責牠。

若想著晚點再罵而錯過時機，兔子就不會知道牠到底是因為做錯什麼而挨罵。抓準時機非常重要。

第二個是斥責的內容必須保持「一貫性」。

這是多位家庭成員一起照顧一隻侏儒兔時，必須特別留意的地方。譬如，即使目前正在矯正兔子隨意亂咬的習慣，但只要有位家庭成員在牠亂咬時給予牠點心，做出完全相反的舉動，那麼亂咬的習慣肯定無法透過管教來改善。保持一貫性是相當重要的原則。

而第三個，是絕對不可以體罰。

大力敲打頭部或鼻子的體罰方式，會從根本上破壞荷蘭侏儒兔與人類之間的信賴關係，請絕對不要這麼做。

另外，責罵時可以靠近荷蘭侏儒兔，然後在拍打地板的同時直直盯著對方的眼睛，用強硬的口氣說「不行！」。只要飼主在牠每次做出相同行為時都能保持耐心，以堅決的態度斥責，不久後就能獲得改善。

咬人習慣的管教

如果兔子有咬人的壞習慣，飼主就要盡快制止牠的行為。了解牠為何咬人、找出背後的原因，是改善壞習慣不可或缺的條件。兔子咬人可能是受到驚嚇，或感到焦慮及恐懼；感到疼痛或情緒激動也可能使兔子咬人。另外，兔子有時候會因為肚子餓、想玩耍而輕咬，若不適時改善便可能養成咬人的習慣。

如果人類被咬時因為嚇到而收手，表現出害怕的姿態，會造成反效果，因此被咬時請當場用強硬的口氣斥責牠。

上廁所的管教

荷蘭侏儒兔有著在固定地點排泄的習性，因此飼主可以在荷蘭侏儒兔記住便盆的位置前，將沾了糞便或尿液的衛生紙放在便盆的位置，告訴牠這裡是上廁所的地方。相反地，當牠在便盆以外的地方排泄時，就必須徹底清掃乾淨，並用小動物專用的消臭噴霧，盡可能消除排泄物的氣味。

為了讓管教更具效果，也可以暫時在牠成功上廁所時，給予點心等獎勵。不過要管控給予的份量，以免影響到正常的飲食。

抱抱的管教

讓兔子習慣被人抱起來是很重要的事，但抱抱對兔子而言就像是被獵人捉住，會本能地討厭抱抱這個動作。因此平時最佳的訓練時機，就是從籠子裡抱出來的這一刻；被人抱起來後等著牠的是可以盡情玩耍的機會，而這就會變成一種獎勵，減輕對抱抱的厭惡感。在剛開始訓練的時候，還可以配合點心等其他獎勵，讓兔子更快熟悉被人抱起來的感覺。

重點 31

學習讓兔子感到安心的抱法

●學習正確穩固的抱法，兔子才不會心生恐懼，而是能感到安心。

抱抱的重要性

在飼養荷蘭侏儒兔的過程中，無論是健康管理、梳毛、放到籠子外面玩耍、還是前往醫院，將兔子抱起來的動作對雙方而言都很重要。

不要勉強牠，讓牠慢慢習慣是熟悉抱抱的關鍵。抱抱的前一階段，也就是將兔子抱出籠子的訣竅最好也先學起來。

抱抱前應該先做的事

在將兔子抱出飼養籠時，為了解除兔子的警戒心，首先要呼叫牠的名字讓牠安心，接著以平穩的呼吸，在雙方都很放鬆的狀態下將牠抱起來。如果突然伸手進籠子裡，會讓兔子非常警戒，因此不要一下子就想將兔子抱起，而是先呼叫名字，進行眼神交流，輕撫額頭或背部，令兔子平靜下來後再將牠抱起來。

在穩定的狀態下抱起

將兔子抱起來後，正確的抱法是用單手輕壓背部，另一手則支撐屁股，並抱近人的身體。

不穩定的抱法會使兔子掙扎亂動甚至摔下去，這樣可能會摔斷牙齒或骨折，所以請務必在穩定的狀態下抱起來。

NG的抱法

在抱起兔子時，千萬不可以從上方突然抓住牠，這種抱法會讓兔子產生恐懼感。這是因為對大多數的小動物而言，這個動作會讓腳突然懸空，就像被猛禽類的天敵攻擊一樣，會本能地感到焦慮。想將兔子抱起來時請用前述的方法，先呼喚牠一聲後再抱起來，這樣才能建立良好的互動關係。

抱抱的方法

以下介紹的是最為基本的抱法，而除了這個基本抱法外，還有仰臥等各式各樣的抱法。

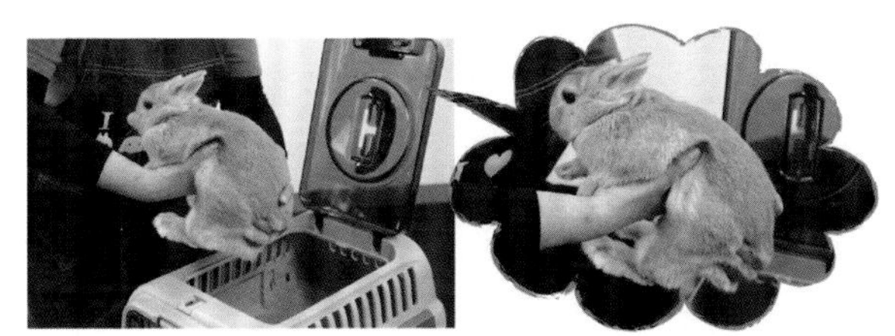

1 呼叫牠的名字，然後用慣用手支撐腹部，另一手支撐屁股，將兔子從籠子裡抱出。
慣用手如照片般把手掌撐開，從前腳托住整個腹部，再用另一手輕柔地包住屁股，穩定整個姿勢。

2 先穩穩支撐著腹部與屁股再坐下，並放到膝蓋上，並讓兔子緊貼自己的身體以免牠亂動。

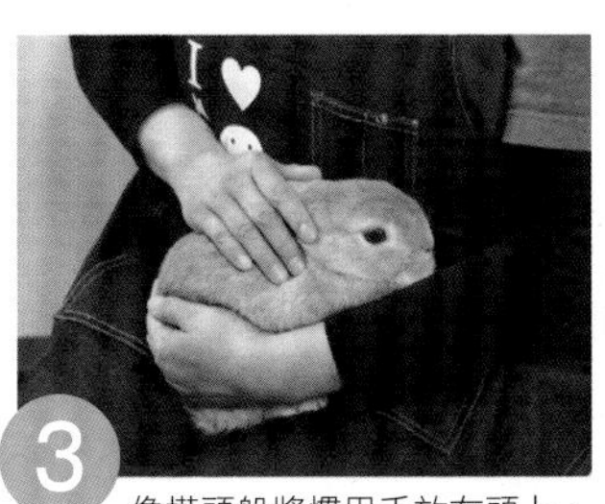

3 像摸頭般將慣用手放在頭上，再用另一隻手的前臂托著整個屁股。放在大腿中間可以讓姿勢更平穩。

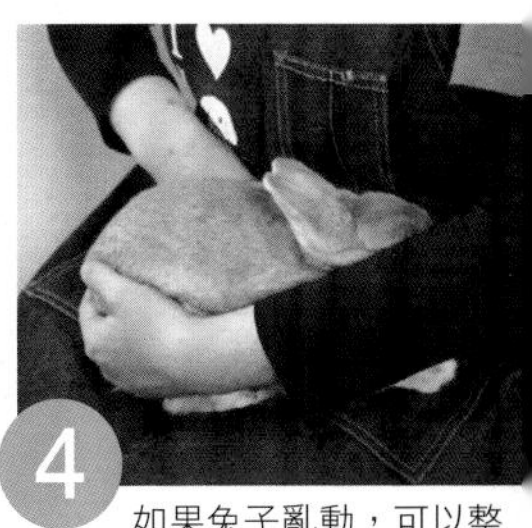

4 如果兔子亂動，可以整個前臂貼在兔子的身體側面把牠穩住。用手臂藏住牠的頭使他看不見，讓兔子安心，牠也就不會亂動了。

每個月至少完整清潔一次飼養籠

為避免荷蘭侏儒兔生病，必須對籠子定期進行大掃除，保持生活環境的清潔。

籠子一個月大掃除一次，用具則每週徹底清洗一次

除了每天的清掃（重點12）外，籠子至少每個月要完整清洗一次，放在裡面的用具如底網、踏板、便盆、食盆、給水器、玩具等也應當每週清洗一次，並消毒殺菌。由於這些用具在清洗後必須徹底晾乾，不見得能馬上使用，因此建議準備備用品，這樣可以立刻替換，讓兔子直接回去籠子裡，相當方便。

大掃除的方法

先將荷蘭侏儒兔放進外出籠或其他地方，再開始大掃除。首先，將籠子內所有物品通通移出來，然後在浴室之類沖濕也沒關係的地方用刷子或海綿水洗乾淨。籠子的金屬網或陶器用品最好用熱水沖過消毒。沖乾淨後把水分擦乾，放到陽光下曝曬。曬乾後，再噴上除菌噴霧，做好完善的消毒。給水器要用刷子把裡面徹底洗乾淨。便盆若沾附尿石，可先用尿石去除劑，最後再用水沖洗乾淨。所有用具都乾燥後就可以回歸原處，再把兔子放回去。

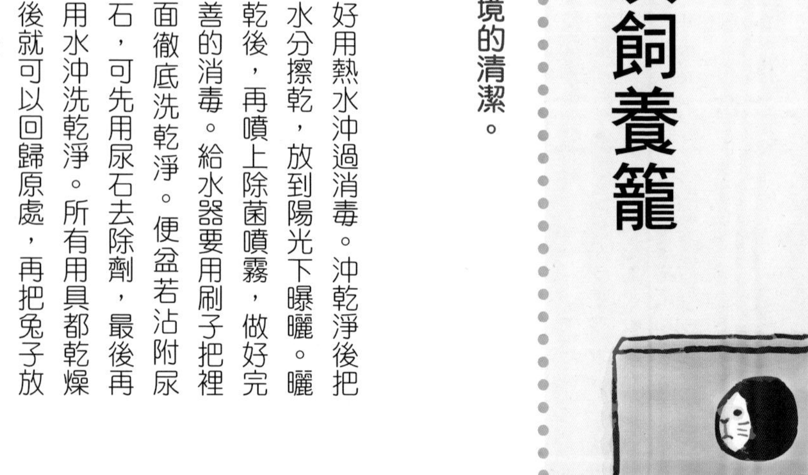

不起眼的縫隙也要檢查

即使兔子會乖乖上廁所，偶爾也可能會在便盆以外的地方排泄。此外換毛期時，掉下來的毛也可能卡在籠子的縫隙裡。這些細微的部分也要仔細清掃乾淨。

Check!

水洗籠子的方式（以金屬籠網為例）

將上方的籠網部分與下方的托盤拆開，然後用清潔劑仔細把托盤洗乾淨。由於糞便與尿液容易沾黏在托盤上，所以一定要細心清洗。

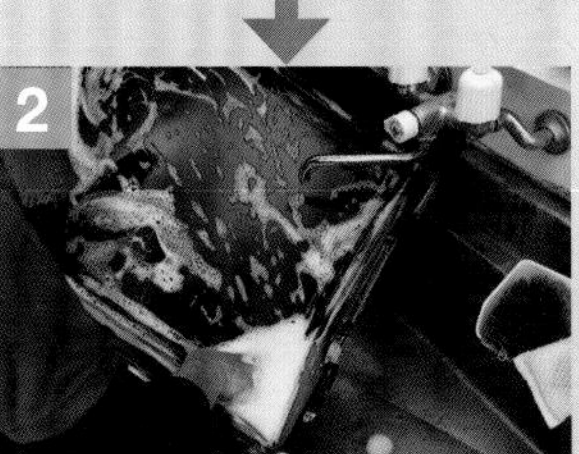

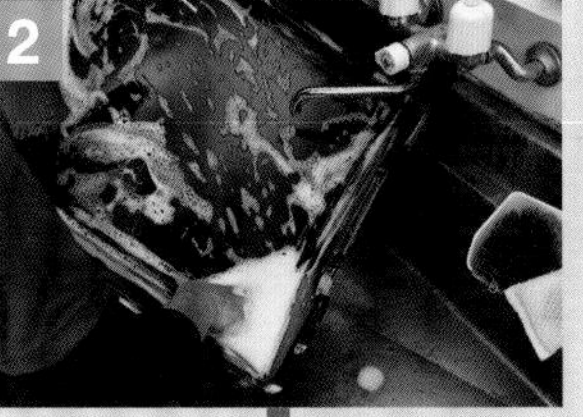

容易忽略掉的角落部分也要仔細清洗。

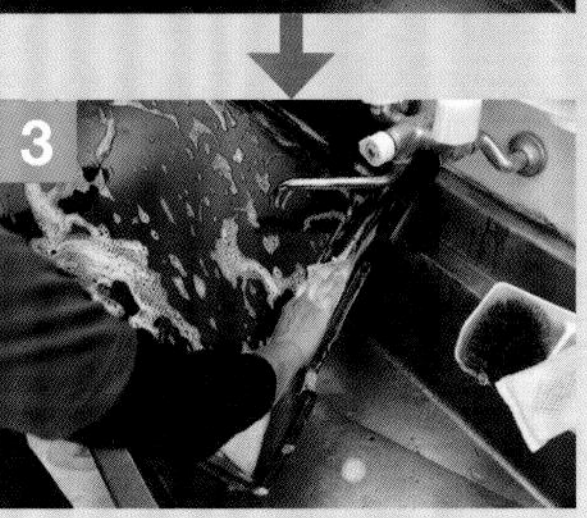

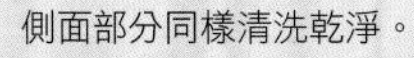

側面部分同樣清洗乾淨。

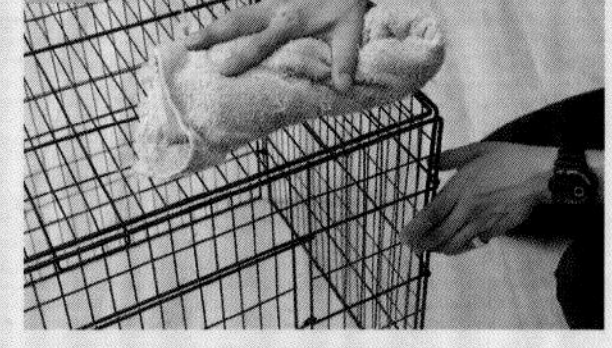

接下來用沾取清潔劑的布，將上方金屬籠網部分的髒汙擦乾淨。

沖掉清潔劑，再用布擦乾就完成清洗了。

重點 33

飼養籠不要放置在門或電視附近

●為了讓荷蘭侏儒兔能生活得舒適，需要整頓環境，並思考籠子的擺放位置。

擺放位置的基本觀念

擺放籠子的基本觀念是，最好放在飼主看得到，安靜且能進行適當溫濕度管理的位置。

不過由於兔子是晨昏性動物（清晨與黃昏的時間帶比較活躍），為免飼主在熟睡的清晨時被兔子的聲響吵醒，慎選位置還是很重要的。

不要放在陽光直射的窗邊

放在陽光直射的窗邊，會讓籠子內的溫度飆升過熱，不利於管控溫度。

窗邊也可能因為吹進來的風，使籠子裡的溫度隨季節劇烈變化，因此盡可能不要把籠子放在這些位置。

避開會發出巨大聲音的電視或音響設備

也請不要將籠子放在會發出巨大聲音的電視與電器產品附近。對聽覺相當發達的荷蘭侏儒兔來說，大音量的吵鬧聲會造成很大的壓力。如果周遭只有自然的環境音那就沒問題，適合擺放飼養籠。

避開空調的風會直接吹到的位置

被空調的風直接吹到會讓兔子難以調整體溫，請盡量避免。

避開門的附近

門的附近會有人走動的聲音，並吹進外面的空氣，不僅會令兔子感到焦慮，同時也難以管控溫度，可以的話請避免放在門的附近。

避開附近有小動物的地方

附近有小鳥、倉鼠、雪貂等小動物的地方也不適合擺放兔籠，其他動物的氣味及叫聲會造成荷蘭侏儒兔的壓力。特別是雪貂原本就將兔子視為狩獵對象，對兔子而言是天敵，會給兔子帶來巨大壓力，一定要養在不同的房間。

放在比地板稍高的位置

地板的溫差比想像中更劇烈，而且人走動時會揚起灰塵、發出聲響。選擇附有腳輪的兔籠，或先放上底座或平台，然後在距離地板二十～三十公分高的位置擺放籠子會是比較好的做法。

Check!

其他不適合擺放籠子的位置

就算說不會吵鬧，但「寢室」、「走廊」或「玄關」等平常注意不到的地方也不適合擺放籠子。

當荷蘭侏儒兔與飼主變得親密後，反而會開始對飼主不在身邊，或不被飼主理睬這件事本身感到壓力，尤其是單隻飼養時這種情況會更嚴重。

而如果為了安靜且能一直陪伴兔子，就將籠子放在小學低年級等幼齡兒童的房間裡，其實也不適當，因為小朋友可能會與兔子玩太久，使兔子沒辦法好好休息，或勉強將兔子抱起來，害兔子摔落。無論如何，安心、安全又能適度陪伴兔子玩耍，離飼主近的地方（如客廳等）才是對荷蘭侏儒兔來說最舒適的環境。

了解飼主暫時無法照料時的應對方法

●獨居的飼主出差或全家一起出門旅行，暫時無法照顧兔子時，請依照以下的應對方法，讓兔子獨自在家也能過得安心。

看家的時間最長為兩天一夜

因為旅行或出差等情況必須外宿時，請盡早做好安排，決定該如何安置荷蘭侏儒兔。

若希望荷蘭侏儒兔看家，前提條件是兔子本身必須是健康的個體，高齡的兔子並不適合獨自在家；而即使是健康的兔子，看家的時間基本上最長也只能到兩天一夜。

由於飼主外宿期間同樣必須仰賴空調來進行溫度管理，因此也要事先思考停電或空調故障等意外發生時的解決方法。

飼主不在對荷蘭侏儒兔來說最嚴重的是無人給予飲用水、食物，以及籠子內的排泄物無人清掃等衛生上的問題。此外，不能到籠子外面玩耍也會造成兔子的壓力。

兩天一夜的看家準備

要讓荷蘭侏儒兔看家，首先當然要確保能給牠兩天份充足的牧草與飼料。給水器也要事先多裝設幾瓶，以免飲用水不足。蔬菜等容易腐壞的副食，只要準備能一次吃完的份量即可。

使用市面上的自動餵食器，在這種時候會相當方便。另外也能利用寵物監視器，在手機上隨時

監看兔子在家的狀況。

請寵物保姆照顧

在外宿期間，請寵物保姆到府照顧荷蘭侏儒兔也是一個不錯的方法。

請在事前親自與保姆面談，詳細告訴保姆平時照料的方法、寵物的個性等資訊。有過兔子照顧經驗的保姆是最適合的人選。

拜託親人或朋友照顧

獨居的人可以在外宿時請親人到家中幫忙照顧，此時同樣要詳細告訴對方照顧的方法與寵物的個性。

另外，也可以帶到親人或朋友的家，請對方幫忙照顧，不過由於環境不能有劇烈的變動，因此最好仔細寫下溫度管理的方法及飲食份量等注意事項，請對方依此照顧兔子。緊急時的聯絡方式也別忘了告訴對方。

若親人或朋友的家中已經飼養了其他動物，那麼也請對方不要將兔子養在同一個房間，盡可能把兔籠放在遠離其他動物的位置。

Check!

寄宿在寵物旅館時的注意點

若要寄宿在寵物旅館，請事前確認旅館是否有寵物年齡上的限制。如果確定可以寄宿，那就接著確認想預約的日期是否仍有空房，並在住宿當天帶去比預定天數的份量還要多的食物交給旅館。若有什麼需要注意的事情，也請一定要傳達給負責照料的人。

但因為荷蘭侏儒兔是警戒心強、個性膽小的動物，難以適應完全不同的環境，而且貓狗等其他動物的叫聲也會造成侏儒兔的壓力，請盡可能選擇有小動物或兔子專用房間的寵物旅館。

另外，如果擔心荷蘭侏儒兔的身體狀況，那麼寄宿在附設寵物旅館的動物醫院也是不錯的選擇。

春天要注意早晚的溫差變化

●春天要注意日夜溫差，梅雨季則要注意濕度。

小心春天早晚的氣溫變化

雖然春天在白天時相當暖和，但清晨或夜晚仍然寒冷，是早晚溫差相當大的時期。人類體感上已經覺得相當溫暖，導致許多飼主忽略了溫度管理，但有時候還是必須用電暖器或空調來保溫。特別是對年幼、高齡或生病中的荷蘭侏儒兔而言，突然變冷是相當危險的情況，必須多加注意。

幫助兔子換毛

春天是從冬毛替換成夏毛的換毛期，請勤加梳毛促進皮膚血液循環，幫助牠換毛更順利。掉下來的毛也請盡可能掃乾淨，避免毛髮飄揚在房間裡。

因連續假期而外宿時

到了黃金週（日本四月底到五月初的連續假期），應該有許多人會回老家或出門旅行吧。

但黃金週同時也是難以預測日夜溫差的一段時期。有時候午間炎熱得簡直像是盛夏，可是到了清晨或夜晚卻仍帶有涼意，因此請別忘了做好防暑對策，讓兔子也能舒適地度過假日時光。

重點 36

夏天要注意衛生與溫度管控

●夏天的炎熱及濕度對荷蘭侏儒兔來說是很嚴重的問題，請徹底做好溫濕度管理以免中暑。

注意中暑

在春夏兩季，要注意室內溫度最高不可以超過二十八度。即使兔子能藉由耳朵或伸展身體來散熱，但耳朵很短的荷蘭侏儒兔更需要小心中暑。

如果無法只靠兔籠的擺放位置或通風等自然冷卻方法，使室溫降到舒適的範圍（二十五度以下），那就必須用空調降低整個房間的溫度。另外也建議在籠子裡放進冷卻用品，做好防暑對策。

打造舒適的環境很重要

不過籠子內的防暑對策做過頭反而會變得太冷，這也不是好事。為了避免荷蘭侏儒兔著涼，要注意空調的風不可直接吹到兔子身上，可以的話，請活用電風扇的擺頭功能，在房間內讓空氣有如微風般流動。

此外，最好也布置好適當的環境，讓兔子在感覺熱時能移動到涼爽的地方，而在感覺到冷時可以移動到較溫暖的地方。保留空間讓兔子能自由地移動到舒適的位置相當重要。室溫與籠子內的溫度有時候會產生溫差，因此也要隨時確認溫度是否適宜。

也要注意濕度

對不適應高溫多濕環境的荷蘭侏儒兔而言，夏天是最嚴酷的時期。

不只是溫度，還需要細心注意濕度。

濕度太高會使籠子內的衛生狀態變差，提高染病的風險。

因此，在夏天時要比平常更勤加清掃籠子，並利用空調的除濕功能或除濕機，將濕度控制在百分之七十以下（百分之四十～六十為最舒適的濕度）。

水分補給與適當的食物管理很重要

在這個時期，每天都要更換新鮮的飲用水，並保持給水器裡始終有水可喝。

另外，這個季節飼料及蔬菜容易腐壞、發霉，因此請保存在陰涼處或冰箱裡。沒吃乾淨的蔬菜等食物也請直接丟棄。

Check!

不讓室內太炎熱的方法

炎熱的夏天會因強烈的陽光導致室內溫度上升，無論是人還是動物都難以忍受這樣的環境，甚至有中暑的危險，因此夏天可能得一整天都打開空調。話雖如此，只要多花點心思，也能創造涼爽舒適的環境，不用再時刻倚賴空調。據説室內溫度上升的原因，有百分之七十以上都來自穿透進窗戶的熱源，因此飼主首先可以做的，是阻隔由窗戶進入的熱源，這是最優先的防暑對策。能確保窗戶通風性的隔熱窗簾或遮陽布等，很多產品都可以阻隔百分之八十以上的日照熱量。此外自古以來便有的「蘆葦簾」或「竹簾」不僅可以減緩日曬，而且裝設簡單，價格也比較便宜，重點是隔熱效果也被認為比現代的百葉窗更好，是最佳的防暑神器。

讓三色牽牛、葫蘆花或倒地鈴等具有藤蔓性質的植物纏上窗邊的爬藤網，透過葉子緩和夏天日照，避免室溫上升的「綠窗簾」也值得一試。不僅美觀，也不會像竹簾或一般窗簾般發出輻射熱，反而可透過葉面汽化熱的原理吸收周圍的熱，具有降低溫度的效果。

重點 37

秋天要開始準備過冬的保暖對策

●秋天是應對接下來寒冷冬季的準備期。為荷蘭侏儒兔打造舒適的生活環境吧。

掃除換毛期掉落的毛

秋天到冬天這段時期是換毛期，會從夏毛替換成冬毛。為了避免荷蘭侏儒兔自己理毛時吞進太多的毛髮，請頻繁地為牠梳毛（參照重點29）。

過冬的保暖對策

秋天同時也是日夜溫差大的季節。由於季節交替的時期身體容易出問題，因此要特別注意清晨的低溫與中午的高溫，做好溫度控制。

若房間溫度低於二十三度，就開始著手準備過冬吧。

打開空調、準備小型寵物用的保溫燈、或在籠子外側設置遠紅外線電暖器等，總之盡量確保室內溫暖，做好保暖對策。

若要使用各種寵物用的電暖器，最重要的是選擇電線有防護措施，不會被荷蘭侏儒兔咬到破損的產品。

尤其是年幼、高齡及生病中的兔子，很可能因為突如其來的低溫猝死，請務必注意環境的溫度。

冬天需要注意環境不能過於乾燥與溫暖

冬天除了布置好溫暖舒適的環境，也要注意過於乾燥及溫暖的問題。

盡量營造溫暖的環境

首先要做的防寒對策，是將籠子放在溫暖、沒有太大溫差，而且遠離窗戶及出入口附近，不會接觸寒冷空氣的地方。另外，寒冷的夜晚可用毛巾或毛毯蓋住整個籠子，或用紙箱、PU素材圍在籠子外側。如果籠子平時直接放在地板上，那麼改放在稍微高一點的位置，遠離溫度較低的地板也是一個有效的方法。

如果使用的是平放在籠子內的電暖墊，長時間可能有造成低溫燙傷的危險，因此務必要在籠內確保一塊沒有電暖墊的空間供兔子休息。而如果用的是鋪設在籠子下方的小型電熱毯，不用加熱整個面，只要半面或一部分即可，讓兔子可以自行選擇舒適的位置。

若將籠子擺放在煤油暖爐或風扇式暖爐的附近，可能會造成燙傷甚至火災，絕對要避免。

如果想將籠子放在客廳與人一起過冬，就要留意人類與荷蘭侏儒兔感到舒適的溫度並不相同，隨時注意籠內的溫度是否適宜。

第4章

享受互動樂趣

～一同度過快樂時光的重點～

重點 39

從叫聲解讀情緒

飼主要知道兔子在什麼樣的情緒下，會用叫聲發出什麼樣的訊號。以下就介紹幾種最主要的叫聲吧。

其實兔子沒有聲帶，之所以聽起來像是在叫，是兔子從鼻腔及喉嚨深處所發出的聲音。從這些聲音（叫聲）的種類，可以判斷出兔子當下的情緒。

高興、開心的時候

會發出高音的「噗噗」或「哺哺」音。

放鬆的時候

會小聲發出「噗噗」的聲音。

想睡覺且放鬆的時候

會發出高音的「咕咕」音。在兔子不想繼續玩，想睡覺時能聽見這種聲音。

催促或有什麼要求的時候

會發出高音的「哺哺」音。

不滿的時候

會發出大且低沉的「哺哺」音。

生氣的時候

會發出有力且急促、低沉的「噗」音。有時候也會一併跺腳。

感到疼痛、痛苦及害怕等負面情緒的時候

會發出尖銳刺耳的「吱吱」或「啾啾」音。這種叫聲在日常生活中幾乎聽不到，所以聽到這種叫聲時就要提高警覺。

透過叫聲可以解讀的情緒、心情狀態一覽

叫聲（發出的聲音）	表示的情緒、心情
高音的「哺哺」	表示高興、開心，或撫摸到一半突然停手時，催促飼主繼續撫摸。與飼主一起待在遊玩的場所時，希望飼主從現在的位置走開一點等等，以上這些時候都可能用這種叫聲來表現。
高音的「噗噗」	表示高興、開心。
小聲的「噗噗」	表示放鬆。
高音的「咕咕」	表示不想玩了想睡覺，或心情很放鬆。
大且低沉的「哺哺」	表示不滿。
有力且急促、低沉的「噗」	表示生氣。有時會一併跺腳。
大聲且尖銳刺耳的「吱吱」或「啾啾」	表示疼痛、痛苦及害怕。由於這是平時不太有機會聽到的叫聲，所以一旦聽到這種叫聲就要盡快做出反應。

重點 40

從常見到的肢體語言或行為解讀情緒

●從荷蘭侏儒兔的肢體語言及行為，也能解讀出牠目前的心情。了解這些訊號，加深與牠的交流吧。

垂直或扭腰向上跳起來

有時候兔子會一邊跳一邊旋轉，這表示牠情緒高昂，心情很好。

用鼻子頂飼主

希望飼主理睬牠、跟牠一起玩，或要求某些事物時可以看見這種動作。

把頭鑽進人的手掌下

如果從平時就有撫摸牠的互動，那麼兔子之後就能學會自己把頭鑽到手掌下的行為，這是「懇求你摸摸我」的意思。請多摸摸他，增進彼此的感情吧。

跺腳

野生的兔子在遇到周遭有天敵

出現時，會以跺腳的方式通知同伴附近有危險，而飼養下的兔子則常在感到不滿或生氣時出現這種動作。

另外，若從環境中的噪音或氣味感到壓力時，也會出現這種動作，因此看到兔子跺腳時，請試著找出原因並解決問題。

磨擦牙齒

開心的時候，兔子會輕輕地磨牙，並發出微小的磨牙聲。相反地，若是大力磨牙並發出很大的聲響，那便是兔子感覺到疼痛的訊號。

如果兔子頻繁地磨擦牙齒，很有可能是生病腹痛或臼齒太長導致咬合不正。要是發現兔子有這樣的行為，請盡早帶去動物醫院，請醫生檢查口腔狀況。

發抖

兔子之所以發抖，多半是因為害怕或生氣等負面情緒，生氣的時候甚至會一邊發抖一邊大力跺腳。發抖時若還會搖頭或左右晃動身體，很可能是感到慢性壓力的徵兆。要是看見這樣的行為，請找出背後原因並嘗試解決。

重點 41

在室內散步需留意物品掉落或兔子誤食東西

●讓荷蘭侏儒兔在室內散步前，請事先了解室內潛藏的各種危險。

室內散步前先檢查房間

當荷蘭侏儒兔熟悉飼主及新環境後，就讓牠到籠子外散步吧。

室內散步不僅是與飼主進行交流的時間，也能解決壓力或運動不足等問題。

但進行室內散步的前提是將室內整理乾淨，避免出現危險的死角。視線離開沒多久荷蘭侏儒兔就從高處摔下受傷，或啃咬、吞下危險物品等狀況時有所聞，因此還請飼主將房間打理好，並緊盯著牠直到散步結束。

室內散步的時間

室內散步每天只需三十分鐘～一小時，在飼主不勉強的時間範圍內即可。最好是每天，且都在固定的時間散步。

室內散步常出現的危險行為

危險行為的例子
窗戶開著，兔子跑出去
鑽進狹窄的縫隙裡
啃咬不應該咬的東西，或誤食危險的物品
啃咬電線而觸電

由於每隻兔子希望到籠子外玩耍的時間有差異，所以不妨記錄下兔子玩到滿意要花多少時間，這麼做也方便飼主規劃散步的時間。

劃定室內散步的空間

室內散步的空間是開放整個房間，還是只開放一部分，請依照各個家庭的情況來做決定。

兔子有著在特定環境中劃出地盤，並在地盤裡生活的習性。請理解兔子會有在散步空間中用糞便或尿液的氣味宣示地盤，並啃咬物品的行為。如果牠在空間內做出這些行為會讓飼主感到困擾，那就必須事先思考應對的方法。

對策 在圍欄中室內散步

想讓兔子安全地在房間裡散步，用圍欄圍出一個空間是個好方法。

尤其是對住在公寓套房的飼主來說，想要確保一塊能讓荷蘭侏儒兔玩耍的專用空間是頗為困難的事，這時候圍欄就派上用場了。

圍欄高度建議在五十公分以上，如果太低的話兔子可以輕易地跳出去。

飼主藉由圍欄限制住兔子的行動範圍，也能遏止兔子擴大地盤，避免助長宣示地盤的行為。

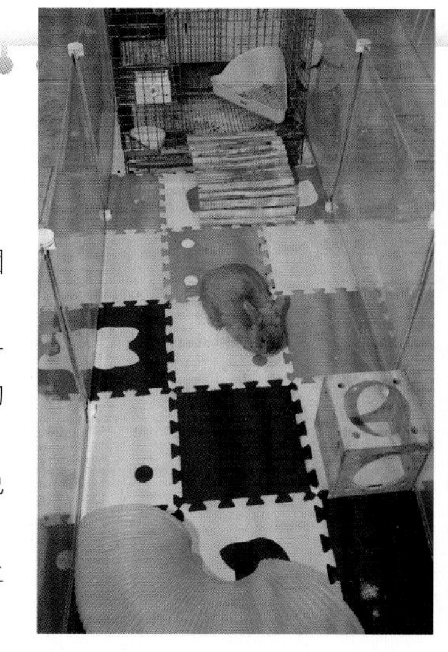

重點 42

了解一起開心遊玩的方法

給予兔子刺激本能（習性）的玩耍機會，並增進彼此的感情。

建議與荷蘭侏儒兔一起進行可以刺激本能（習性）的「躲貓貓」、「挖洞」、「鑽洞」、「咬咬」及「跑跑」等遊戲。

「躲貓貓」遊戲

兔子喜歡將身體藏在兔巢般狹窄的地方，比如可以在地上放個荷蘭侏儒兔能鑽進去的紙袋，牠就會在紙袋裡進進出出玩耍。不過如果是手提袋，要注意提繩部分可能有誤食的危險性，請先將提繩取下來。

「躲貓貓」遊戲

「挖洞」遊戲

根植於本能中的挖洞行為也是兔子的最愛。如果給兔子一塊柔軟的坐墊或折起來的毯子，牠就會像挖土般沉迷在挖掘的行為裡。此外，自製一個遊戲箱，在紙箱裡放進木屑當作土堆，然後在中間插進一塊打好了一個洞、可讓荷蘭侏儒兔鑽過的紙板，肯定也能深得牠的歡心。

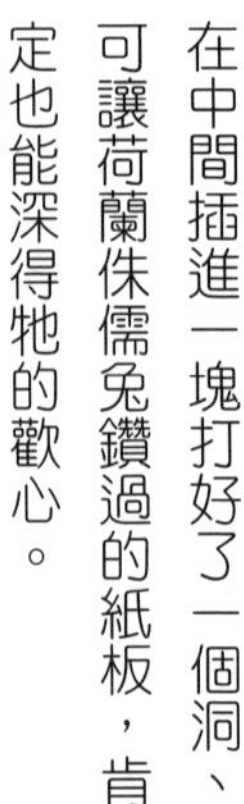

「鑽洞」遊戲

「挖洞」遊戲

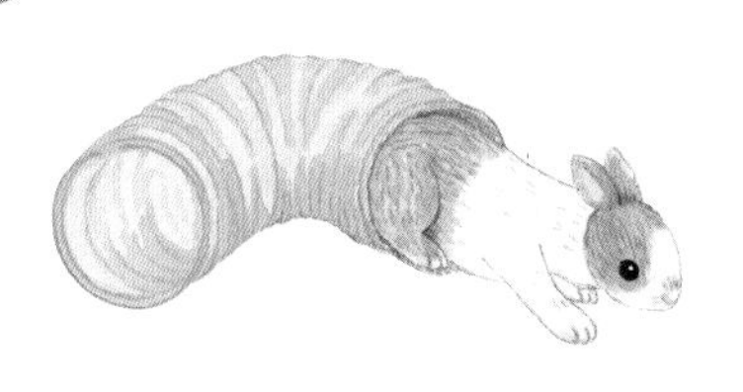

「鑽洞」遊戲

在如同兔巢般蜿蜒狹長的地方鑽來鑽去的遊戲也能刺激牠的本能。給兔子隧道型的玩具，牠就會自己鑽進鑽出，有時途中還會休息一下，玩得不亦樂乎。

「咬咬」遊戲

兔子喜歡可以一邊咬一邊玩的東西，磨牙木就是個好選擇。請選用材質安全，即使吃進去也無害的產品。

「咬咬」遊戲

「跑跑」遊戲

兔子也喜歡四處奔跑。另外，兔子對有興趣的物體會用鼻子頂看看。可以活用這個習性，準備小球讓牠一邊滾球一邊跑，不僅玩得開心也能充分運動。

「跑跑」遊戲

在戶外散步要做好安全對策

●雖然兔子不需要到戶外散步，但帶牠到外面散步也是可以的。不過請事先了解戶外散步應該注意的問題。

戶外散步的必要性

荷蘭侏儒兔與狗不同，不到戶外散步也沒問題，不過飼主們在天氣晴朗的日子，或許也會想帶侏儒兔外出散步吧。因此請先透過本次重點，了解外出散步時的注意事項。

散步的事前準備

兔子散步時必定要穿戴胸背帶與牽繩。可以從平時就先在家中讓牠習慣穿戴這些用具。

各種危險

●誤食不該吃的東西

除了吃下掉落在路旁的物品之外，大自然中的有毒花草也是一種危險。另外，有些地方還會噴灑除草劑或農藥。飼主有責任為兔子選擇安全的散步地點。

●害蟲叮咬

跳蚤或壁蝨在戶外環境裡很普遍，有時候在散步中這些害蟲就會沾附到毛髮上。散步回家後一定要先梳毛，同時確認是否有害蟲跟著回家。

●與其他動物接觸

遭遇貓狗時務必小心，請保持一定距離不要靠近，以免被咬傷。飼主若有與貓狗接觸，在接觸後手也一定要消毒。

●受傷

我們難以預測道路或公園的地上是否掉落如玻璃之類的尖銳物體，這些都可能造成腳底受傷。因此，回家後一定要檢查荷蘭侏儒兔身體各處是否有傷口。

●中暑

荷蘭侏儒兔不耐受炎熱的天氣，所以在氣溫轉暖的春天及夏天外出非常危險。外出請限定在天氣涼爽的時期。

●使用貼合身體的胸背帶及牽繩

只用項圈會有掙脫的風險，而且突然跑起來時也可能造成脖頸受傷，因此選用貼合身體且能牢牢牽住的胸背帶會更好。

●遭遇事故

有時候受到驚嚇，兔子會陷入恐慌而狂奔。散步時請避開面向道路或自行車較多的地方。

季節與時間帶

●散步的季節

除了炎熱的夏天，寒冷的冬天當然也應避免到戶外散步。如果真的要外出，請選在天氣較為和緩的春秋天。

●考量外出的時間

考量到晨昏性這點，在清晨及黃昏這兩個兔子最為活躍的時間出去散步會比較好。

●散步的地點

可在河岸邊或寵物可進入的公園等地，盡量選擇安全且草皮和土壤不會對腳造成負擔的地方。

專欄2

如今日本有著全世界最佳的兔子飼養環境

現在全世界的寵物兔品種多達一百五十種以上，光是在美國就有五十個品種。我們向協助監修本書的町田先生詢問兔子的魅力，並了解他為兔子所做的事情。

有限公司OGU・兔子尾巴社長
町田修先生

多種飼育用品

目前日本國內市售的飼育用品中，町田先生有參與開發的，除了兔用稻草墊、隧道屋、圓頂兔窩、稻草沙發、搖鈴草球（以上皆為「草孩子俱樂部系列」）等商品外，還有專用兔籠PROCAGE、陶瓷食盆、提摩西草架、OYK美毛噴霧、OYK兔用納豆菌、方塊屋、快速圍欄、挖洞屋等等，從日常飼育用品、零食、營養補充品到玩具應有盡有，催生了各式各樣方便有趣的兔用產品。

（詳細請參照兔子尾巴官方網頁https://www.rabbittail.com/）

「現在不只是優質飼料及國產牧草等食物，兔籠之類的居住用具以及其他各類飼育用品也都能輕鬆購買齊全。我想現在的日本有著全世界最完善的兔子飼養環境。」

商品開發範例

草孩子俱樂部　隧道屋

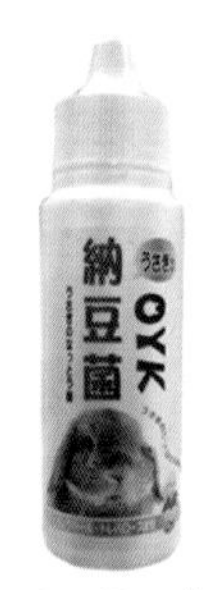

OYK兔用納豆菌

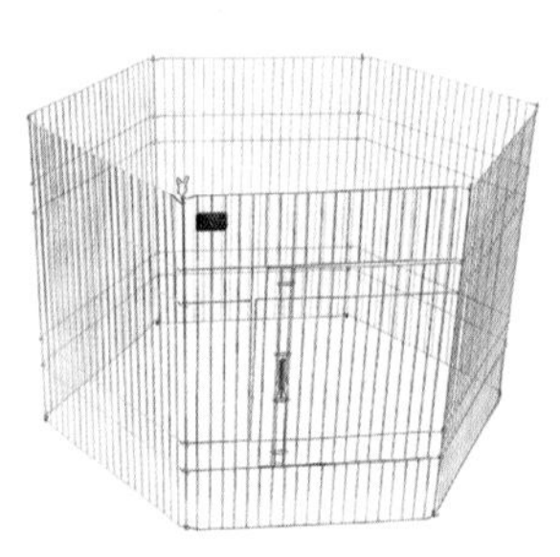
快速圍欄

舉辦兔兔FESTA

另一方面，町田先生也積極籌辦一個活動，那就是「只有兔子」能參加，每年春秋各舉辦一次的「兔兔FESTA」。在這場兔子慶典中，來自日本各地的飼育用品商，以及以兔子為主題進行創作的各領域創作者都將齊聚一堂，並聘請專業獸醫師，提供兔子飼主豐富有用的資訊，希望深愛兔子的人們能在這場活動中多方交流。雖然因新型冠狀病毒的疫情影響，自2020年起活動改為線上的「Web兔」，不過在2021年秋天，睽違兩年又再次舉辦了實體的兔兔FESTA。

今後的展望

町田先生對今後的展望是，除了繼續開發並提供各類生活用品，創造更優良的兔子飼養環境，也希望藉由提倡「兔子障礙賽」及「響片訓練」等更多有趣活動，增進人兔之間的情感，讓飼主在陪伴兔子的日常中獲得更多喜悅與樂趣。

第5章

高齡化、維持健康與面對疾病、災害

～守護荷蘭侏儒兔的重點～

了解疾病與受傷的種類及症狀

●目前已經知道多種疾病及受傷的種類。如果覺得兔子哪裡不對勁，就帶到動物醫院看診吧。

《眼、耳、鼻、口腔的疾病》

角膜炎

角膜是眼球表面的透明組織。角膜炎指的是角膜表面受傷，然後因細菌感染等引起的發炎。

主要原因有乾草等物體刺入眼睛、衝撞打架、微小異物進入眼睛時揉眼睛、理毛時被自己的爪子劃到等等。

角膜炎的症狀與治療

兔子會由於痛楚而特別關注眼睛，討厭別人碰觸眼睛周圍。此時也會流出很多眼淚或眼垢。另外，角膜炎也令兔子對光線反應過度，在牠們看來光會變得異常明亮。若發炎惡化，角膜也會變得白而混濁。

治療方式是給予抗生素或滴入角膜保護藥等眼藥水。如果兔子會不斷揉眼睛，可能就要戴上伊莉莎白頭套避免牠繼續抓揉。

預防角膜炎

請檢查飼養環境，清除突起物或有尖刺的物體等容易碰傷眼睛的東西。

白內障

白內障是指眼睛的水晶體出現白而混濁的狀況，會產生慢性的視力減退，直至失明。

白內障的症狀與治療

一開始眼睛會有一部分變白，接著會慢慢擴展到整個水晶體。

預防白內障

雖然白內障難以完全預防，但為了避免患上後天的白內障，請給兔子營養均衡的飲食。另外，若發現眼睛變白，也請盡早帶去動物醫院接受診察。

耳疥蟲病

耳疥蟲病是種由兔癢蟎（耳疥蟲）寄生在耳朵內側的皮膚表面所引起的疾病。

耳疥蟲病的症狀與治療

耳疥蟲病主要經由與已感染動物的接觸而傳播。

耳疥蟲會引起強烈的搔癢感，令兔子不斷用後腳搔抓耳朵或頻繁地甩頭。

最有效的治療方式是定期給予驅蟲劑。驅蟲劑也分為外用、內服、注射等類型。

想要完全驅逐耳疥蟲至少需要一～兩個月，請做好心理準備，耐心定期用藥。

預防耳疥蟲病

避免與已經感染耳疥蟲的個體接觸是最好的預防方式。另外，平時定期清耳朵（參照重點26），檢查耳垢的顏色、量及耳朵的臭味，或許就能早期發現。

鼻淚管阻塞

透過眼淚滋潤眼睛表面，不只能避免乾燥、防止細菌感染，也能藉此吸收氧氣與營養。

而這些淚液通常會經由鼻淚管流入鼻子再排出。

鼻淚管阻塞指的就是鼻淚管因某種原因塞住所引起的疾病。

鼻淚管阻塞的症狀與治療

患病後眼淚會不停流出，並產生眼垢。如果這種狀態長期持續，眼睛下方的毛就會始終保持在濕答答的狀態，最終形成淚痕，嚴重時眼睛周圍甚至會出現脫毛症狀。

大多數的情況都是由牙齒咬合不正所引起的，尤其是臼齒根部生長而壓迫到鼻淚管，最後就可能導致鼻淚管阻塞。

治療方式是進行鼻淚管灌洗。從淚點所在（眼淚進入鼻子的通道入口）的下眼瞼放入細軟管，再用生理食鹽水沖洗乾淨。

如果有細菌感染，就要用眼藥水或內服藥等給予抗生素。另外，如果肇因於咬合不正，也要同時治療牙齒。

預防鼻淚管阻塞

為避免發生咬合不正的情況，要讓兔子吃纖維質最多的一割提摩西草，透過牧草幫助磨牙。

鼻涕症（打噴嚏）

鼻涕症是症狀為打噴嚏、流鼻涕的鼻竇炎、支氣管炎、肺炎等呼吸道疾病的通俗稱呼。

這是寵物兔常見的疾病之一，主要由巴斯德桿菌所引起。因為可透過鼻水等簡單地傳播出去，在多隻飼養時一旦有一隻感染，很快就會蔓延到整個群體。如果發現這樣的症狀，請趕快與獸醫師聯繫。

鼻涕症的症狀與治療

初期症狀可能會流出透明鼻水，並不斷打噴嚏。病情持續後會引發鼻竇炎，鼻水變得黏稠，甚至流出黃色的膿。

由於相當不舒服，兔子會開始用前腳摩擦鼻子。症狀惡化後每次呼吸都會發出聽起來像「滋滋」的抽鼻子聲音，稱為「snuffling noise」。

若由巴斯德桿菌引起，那主要的治療方式就是給予能治療巴斯德桿菌病的抗生素，並配合症狀進行適當診療。

但因為也有可能是由其他病菌

所引起，所以還要經過檢查，確定病原是什麼，再選擇針對其病原的抗菌藥物。

不過，即使症狀獲得改善，還是可能因為壓力或免疫力下降而再次發病，要多加小心。

預防鼻涕症

精準的溫濕度管理是保持身體健康的不二法門。一般認為最適當的飼養環境要保持在室溫二十三度，濕度百分之五十～六十左右。

除此之外，為了防止免疫力下降，也要注意兔子的壓力。尤其在冬天，低溫會給兔子造成壓力，因此環境至少要保持在十六度以上。

平時也應該做好營養管理。便盆的衛生管理也同樣重要，如果沒有適時清除籠子內排泄的尿液，氨的氣味就會刺激呼吸道黏膜，容易引起細菌感染。

咬合不正

咬合不正是種牙齒沒有適當磨耗，導致牙齒無法正確咬合的狀態。

野生的兔子會啃咬、磨碎纖維質堅硬的食物，花費很長時間咀嚼，因此牙齒能夠正常生長，與磨耗的速度保持平衡。

然而飼養的兔子相比之下減少了很多使用牙齒的機會，牙齒生長及磨耗的速度容易不平衡，導致咬合不正的問題。此外，為了告訴飼主自己的需求而啃咬籠子金屬網的行為，也是咬合不正的原因之一。

特別是荷蘭侏儒兔經過品種改良，臉部更圓、頭部更小，使荷蘭侏儒兔比其他品種更容易產生咬合不正的問題。

咬合不正的症狀與治療

咬合不正的兔子會開始無法吃比較堅硬的食物，同時食慾減低、體重減輕。因為嘴巴沒辦法閉合，所以會不斷流口水，導致下顎的毛總是濕答答的。

症狀惡化後會因為疼痛的壓力，以及食物攝取不充足，使腸胃蠕動變得糟糕，最後引起「腸胃停滯」（P110）或「鼓脹症」（P111）。

上方臼齒的牙根生長過度也會壓迫鼻淚管，造成「鼻淚管狹小」或「鼻淚管阻塞」（P105）等症狀，甚至出現眼球突出的狀況。

治療方式是前往動物醫院，請醫生磨削牙齒，把牙齒的長度與生長方向矯正回來。一旦有過咬合不正的情況，之後就要定期到動物醫院檢查，有必要的話再請醫生磨削牙齒。

預防咬合不正

平時請讓兔子充分吃進纖維質多的牧草，尤其是一割的提摩西草纖維質多，也具備硬度，適合用來磨耗牙齒。

而如果咬合不正的原因是啃咬籠子的金屬網，那就購買磨牙木，或在籠子裡裝設木製柵欄，總之盡量別讓兔子繼續啃咬金屬網。

《消化系統的疾病》

軟便、下痢

有時候以為是盲腸便的糞便，其實可能是軟便，這時候甚至會出現下痢的情況。

雖然可能造成軟便及下痢的原因相當多，不過最主要的原因還是飲食、疾病、壓力、感染病毒或寄生蟲。

若是壓力引起的，則可能源自飼養環境的急遽變化。環境變化伴隨而來的壓力會影響自律神經，使腸道無法正常蠕動，進而導致軟便及下痢。

呼腸孤病毒、輪狀病毒等病毒，以及球蟲這種寄生蟲都可能引起軟便及下痢。

軟便、下痢的症狀與治療

除了軟便及下痢便，嚴重時還會變成水便，甚至混著血液。此時兔子會因為疼痛總是蜷縮身體，也能看見肛門周圍被糞便弄髒，還會出現體重降低、脫水等症狀。

若一～兩天內仍沒有好轉，就

去看醫生吧。不過若情況嚴重到混著血便、或下痢特別劇烈、頻繁，應該盡快前往醫院請獸醫師看診。

此外，下痢發生前時常會先排出水分很多的軟便，若有這種狀況可以趁糞便仍新鮮時用保鮮膜包起來，在前往動物醫院時一併帶去。

之後可請動物醫院調查拉肚子的原因，再輔以點滴、抗生素或驅蟲藥對抗細菌感染或寄生蟲，進行治療。

預防軟便及下痢

隨意留意環境會不會造成兔子的壓力，並在適當的環境裡餵食適當的飲食，是避免軟便及下痢的基本方法。衛生管理也要做得徹底，隨時清掃食物殘渣，並定期清洗籠子。

毛球症

兔子在理毛時會吞進自己的毛髮，但跟貓狗不同的是，兔子無法將毛髮吐出來。如果處在高壓狀態，或纖維質攝取不足，毛髮就會在腸胃中結塊並阻礙腸胃消化，形成毛球症。

毛球症的症狀與治療

症狀表現為食慾不振、只願意喝水，體重也會因此減輕，身體會逐漸衰弱。

此時排便也會減少，腹部極度膨脹，嚴重時甚至可能失去意識。

如果腸道沒有完全堵塞，可以服用促進消化道蠕動的藥物或化毛膏來治療。

預防毛球症

餵食纖維質高的食物，平時也要讓兔子充分運動。

不讓兔子累積壓力也很重要。可以多給牠一些磨牙木之類的玩具，並做好室內的溫濕度管理。

腸胃停滯

腸胃停滯指的是腸胃因為某種原因蠕動減緩，致使吞進去的體毛、異物、食物等等無法消化，堵塞在腸胃中，並累積腸道氣體的症狀。

與腸胃停滯有關的所有消化道（包含營養性或精神壓力的）併發症狀可以統稱為「兔消化系統症候群（RG-S／Rabbit Gastrointestinal Syndrome）」。

腸胃停滯的症狀與治療

腸胃停滯的症狀包含食慾不振、便祕、沒有活力、沒辦法排便、糞便異常（太小、太少、混著黏膜等），這時候的兔子討厭別人碰觸腹部，也能看見兔子做出蜷縮起來不斷咬牙的行為。

治療方式因症狀而異。如果腸胃沒有完全阻塞，可在補給水分後給予促進消化道蠕動的藥物或止痛劑，以排出塞住的結塊。若完全阻塞，就要進行全身麻醉，動手術將結塊取出。

預防腸胃停滯

這種疾病的主要原因，是纖維質攝取不足及免疫力下降，或是吞進太多異物。

因此，從平時就要讓兔子多吃牧草促進腸胃蠕動，這樣也能保持腸道菌叢的平衡。攝取充足的水分也很重要。正常情況下，只要有充分攝取纖維質與水分，吞進去的體毛就不會在腸胃中結塊，可以順利排出。運動、給予適度的刺激也是重點，因為消耗能量可以增進食慾，所以每天至少一次，保留讓兔子出籠運動的時間。

飼主對兔子說話、一起玩耍、抱抱等互動能夠給予適當刺激，在牠習慣後就不會因為雞毛蒜皮的小事而感到巨大的壓力。

平時的健康檢查中也別忘了觸摸腹部，檢查看看腹部是否有異常狀況。

鼓脹症

這是種主要在肚子裡的盲腸累積過量氣體的疾病。腸道蠕動減

緩時，可能會引起盲腸便祕，或盲腸內出現異常發酵的問題，導致氣體累積在盲腸，最後演變為鼓脹症。

鼓脹症的症狀與治療

罹患鼓脹症的兔子會失去活力、呼吸紊亂且腹部膨脹。此時可能伴隨著食慾減退、飲食量不足甚至完全不吃東西等情況。排便減少或完全不排便也是常見的症狀。

盡可能促進消化道蠕動是最佳的治療方式。具體來說，可以給予消化功能改善劑、食慾促進劑等藥物。

若懷疑是盲腸內的益菌（正常的腸道菌叢）發生問題，會用抗生素控制菌叢，並視情況打點滴，補充水分及電解質。有時候也需要強迫餵食蔬菜泥或優格等食品。

預防鼓脹症

牙齒疾病、腸胃疾病、纖維質攝取不足、吃太多高蛋白、高卡路里食物、壓力等各式各樣的原因，都可能造成消化道的蠕動減緩。

因此，讓牙齒及腸胃保持健康，並盡量餵食高纖維質的食物（譬如稻草、乾草、牧草等），避免食用碳水化合物（餅乾等），才是預防鼓脹症最好的方法。同時也請整頓飼養環境，不要讓兔子感到壓力。

便祕

若纖維質及水分攝取不足、運動量不夠、生活有壓力，或是罹患其他腸胃疾病，就有可能造成便祕。

便祕的症狀與治療

便祕時排便量會比平時還少，糞便乾硬，甚至完全沒有排便。另外，排便時也可能因為用力或疼痛而發出叫聲。

預防便祕

請給予兔子營養均衡的飲食。適度玩耍及運動也很重要。為知道兔子是否有好好地從給水器中喝水，也最好確認及記錄每天減少的水量。

《其他疾病、受傷等》

尿路結石

尿路結石是種尿液中的磷、鈣、鎂等礦物成分結晶化的產物，可能引起各式各樣的病症。結石隨產生的部位分別被稱為「腎結石」、「膀胱結石」、「尿道結石」、「尿管結石」等等。

雖然目前醫學上還不完全清楚結石發生的原因，但普遍認為可能是因不適當的食物、飲水量減少、細菌造成的泌尿道感染所導致。

尿路結石的症狀與治療

每個結石的部位都會產生不同的症狀，而以尿路結石來說，可以發現有頻尿、排尿時因痛楚而蜷縮背部、血尿、發燒、因疼痛引起的食慾不振、咬牙等現象。

治療方式主要是以超音波震碎結石，而如果結石在尿道裡，則要用導管插入尿道進行處置。視結石大小及位置，也可能需要透過外科手術摘除結石。此外，若發現因為血尿或細菌造成尿路感染，還要同時使用止血劑與抗生素對症治療。

預防尿路結石

一般認為尿路結石的主因是餵食太多含有鈣質的食物，以及水分攝取不足。含有豐富鈣質的牧草（特別是苜蓿草）或飼料請謹慎控制份量。若平時已有吃乾草或飼料的習慣，最好在餵食的同時給予新鮮的水與水分較多的蔬菜。

日常生活中也請多加觀察尿液顏色及排尿次數，若懷疑有症狀請立即請獸醫師診斷。

腳瘡

腳瘡是種發病於兔子腳底的皮膚炎。肥胖、運動不足、高溫多濕又不衛生的地點，以及其他不適當的飼養環境，都會提高罹患腳瘡的風險。

腳瘡的症狀與治療

腳底、腳跟會先脫毛長繭，然後發炎、化膿，最後形成膿腫（硬化的膿）。要是擴及到關節，兔子會沒辦法正常走路。

治療方式為進行局部消毒、給予全身性的抗生素，再進行包紮。

與此同時，還需要重新檢視飼養環境，做好衛生管理，並改用材質較柔軟的踏板、踏墊。若懷疑是腳瘡，最好在症狀惡化前盡早接受治療。

預防腳瘡

平時應勤加清掃，做好衛生管理。定期剪指甲也相當重要。這是因為指甲太長可能會刮傷皮膚，容易引發腳瘡。

因此平時也要檢查指甲，若有必要就用兔用指甲剪剪掉太長的指甲。

注意生活中不要發出太大聲響，適當調整室溫及濕度，盡可能打造出不會讓兔子感到壓力的環境也是關鍵因素，因為一旦累積壓力，兔子可能會開始「跺腳」，而這會造成足部很大的負擔，請務必多加注意。

除此之外，撤下材質堅硬的踏板，選用與腳摩擦較小的木製踏板，或鋪上厚厚一層牧草，也是減少足部負擔的好方法。

子宮卵巢病變

母兔常罹患與卵巢及子宮相關的疾病，其中包含了卵巢腫瘤、子宮蓄膿、子宮水腫、子宮癌等等。

子宮卵巢病變的症狀與治療

許多疾病在初期皆無明顯症狀，不過有時會發現母兔的行為變得較有攻擊性。另外，喪失活力、腹部或乳腺（子宮疾病可能使乳腺出現異常）腫脹、陰部流出膿或鮮血、血尿也是可能的症狀。

無論哪一種子宮卵巢病變，通常都發生在三歲以上的中高齡兔子身上。

一旦罹患這些子宮卵巢的疾病，透過外科手術摘取卵巢與子宮或許是最妥當的治療方法。

由於手術前必須進行全身麻醉，因此請與熟悉荷蘭侏儒兔的獸醫師仔細洽談。

預防子宮卵巢病變

如果不打算讓飼養的荷蘭侏儒兔繁殖，那麼事先進行避孕手術是最好的預防措施。一般也認為避孕手術後，兔子的攻擊性會降低，不再有極端的求偶行為，上廁所的訓練也會更加順利。

脫臼、骨折

兔子的骨頭非常輕，因為骨頭愈輕就能逃得愈快，這是兔子天生的演化優勢。

因此相比起同樣體重的狗或貓，兔子的骨頭可說相當脆弱，而且受損後也難以治癒。

由於兔子有神經質的一面，受到驚嚇會陷入恐慌，突然做出劇烈的動作，因此也常碰撞其他物體。人想抓住兔子時也可能用力過猛，或不小心踩到兔子。以上這些情況都能輕易造成兔子脫臼或骨折。

最容易脫臼及骨折的部位是後腳（脛骨與股骨）與脊椎（腰椎等）。

由於傷到脊椎可能造成下半身癱瘓，請飼主務必小心。

脫臼、骨折的症狀與治療

若發現兔子開始拖著腳或抬起腳走路，並護著腳不碰觸到其他東西，或許就是脫臼或骨折。程度輕微時只要中斷運動，靜靜休息就能得到改善。

然而程度較為嚴重時，可能就需要打石膏從外部固定患部，或透過手術埋入金屬支架來治療。

由於狀況如何只有獸醫師能進行準確的判斷，所以若懷疑脫臼或骨折了，請立即前往動物醫院診治。

預防脫臼及骨折

造成脫臼或骨折最多的原因，通常是抱起兔子時沒有抱好，致使兔子從高處摔落地面，很多時候也肇因於在籠子內的碰撞或跌倒。

平時就要多檢查籠內環境，確認是否有什麼容易勾到腳或爬上去容易掉下來的地方。

另外，因為兔子原先就不是會進行上下立體移動的動物，對高處幾乎沒有恐懼感，所以室內散步時也要確定沒有太高的危險場所，尤其年幼、高齡及生病中的荷蘭侏儒兔一旦從高處落下會特別嚴重。請多方考量環境，並適時做出調整。

中暑

在室外只要是氣溫超過三十度的白天，就必須為兔子調整室內溫度。

尤其是年幼、高齡、生病、肥胖、懷孕中及密集飼養的個體，在溫濕度都很高且密不通風的地方，很有可能會中暑。

中暑的症狀與治療

兔子正常的體溫為三十八度半～四十度，中暑時會上升到超過四十度半。肉眼可見的症狀有走路搖晃、呼吸不順且用嘴巴呼吸、耳朵末梢血管充血變紅、鼻子及嘴巴周圍被分泌物沾濕、癱倒地上一動也不動、痙攣、出血性下痢或血尿等等。

即使不久後身體狀況就開始回復，有時候還是需要到醫院打點滴治療，因此若發現可能中暑，請盡速前往動物醫院就醫。

在就醫前，請立即將兔子移動到涼爽的地方，冷卻耳朵與下顎，再用沾水的毛巾包住全身。如果還能喝水，也要讓牠喝下稀釋過的運動飲料。

攜帶至醫院的外出籠裡面放進用毛巾包起來的保冷劑也是降溫的好方法。

當症狀嚴重時，就算獸醫師馬上進行處置，也可能因凝血功能異常、急性腎衰竭、腦中風、全身器官衰竭等併發症喪命。即使有幸撿回一命，還是可能留下神經症狀或腎功能衰竭等致命的後遺症。

預防中暑

平時做好室內溫濕度管理，並將籠子放在避開太陽直射的地方。

尤其在夏季，空調最好調整到二十六～二十七度，並保持濕度在百分之七十以下，讓空調二十四小時運轉。

另外，為了讓室內空氣對流，同時運用空調和電風扇也很有效。

在籠子上下放置保冷劑也能有效降溫，不過若是放在下方有可能會變得太冷，還請保留空間讓兔子可以避開太冷的位置。給水器也請隨時保持有新鮮的水可供兔子飲用。

除了上述方法之外，避免在炎熱的時間帶四處移動或長時間抱抱，也能降低中暑的風險。

割傷、咬傷等外傷

受傷的主要原因是打架，有時候也肇因於被其他動物咬傷，或被自己的門牙劃傷。

多隻飼養時，若同居的荷蘭侏儒兔之間合不來、感情不好，就常會發生大打出手的情況。

單隻飼養也可能在室內散步或在籠內玩耍時不小心受傷，所以請飼主隨時注意兔子的行動。

外傷的症狀與治療

受傷時會出血，碰觸傷口或腫脹的部分會感到疼痛。

若出血不多，用紗布及繃帶止血即可。

但就算一開始是小小的傷口，處置不當仍有可能繼續惡化，因此建議前往動物醫院接受治療。

預防受傷

一旦兔子開始打架，就馬上將雙方分離開來，將其中一隻放到別的籠子裡。

平時要確認室內散步時是否有什麼危險的物品，也要檢查籠子內是否有可能導致受傷的突起或尖刺。

前往醫院接受診療前的準備

如果覺得荷蘭侏儒兔的樣子不太對勁，首先可以致電動物醫院，敘述觀察到的狀況，可以的話，請拍攝照片或影片讓獸醫師看。此時也可以先採集糞便或尿液以便之後帶去醫院檢查，使病情的傳遞更為順利。

為免到了診察室才急忙翻找照片或影片，可以先存檔在顯眼或馬上能找到的位置。另外，進入診察室時有可能因為驚慌與緊張，無法完整敘述症狀與當下的狀況，所以最好事先做筆記，記錄下覺得不安的地方或在意的事情，然後清楚明確地向醫師說明，並告訴醫師最希望對方診察的部分是哪裡。最後，也要將獸醫師說明的重要資訊做筆記，供自己日後參考。

生病或受傷時，應優先考慮溫濕度的管理與衛生環境

●儘管平日都有細心注意，有時候還是會生病或受傷。一起來了解生病或受傷時的應對方法吧。

充分注意溫濕度管理

一旦生病，體溫大多數時候都比健康時來得要低，因此溫濕度的控制要比平常更加謹慎。

夏天要做好防暑、冬天要做好防寒措施。夏天還必須留意陽光是否讓室內溫度急速上升，冬天則要小心室內是否有縫隙會吹進外面寒冷的風。

安排舒適的生活環境

若沒有即時清掃排泄物，籠子處在骯髒的狀態，可能會引起其他各類疾病，因此保持籠內清潔，讓兔子能過得舒適是首要之務。另外，最好將籠子擺放在方便飼主觀察，也方便進行交流互動的位置。

不要亂動，並立刻前往動物醫院

生病後最重要的第一件事是不要讓兔子繼續亂動，讓牠保持安穩的狀態。雖然讓兔子好好休息也很重要，但切忌不要抱有僥倖心態，想要再觀望看看，請趁症狀惡化前到動物醫院看診。

到動物醫院看醫生時要注意搬運方法

在準備前往醫院前也有需要留意的問題，請先了解適當的處理方法。

用外出籠帶出門的注意點

帶荷蘭侏儒兔前往動物醫院時，會使用小型的外出籠。移動時請盡量保持穩定，不要有太多的震盪，避免造成籠內荷蘭侏儒兔的身體負擔。

而為了減輕荷蘭侏儒兔的壓力，可以在外出籠外面罩上一層套子或直接裝進袋子裡，讓兔子保持冷靜。

另一個重點是平常就要做好去醫院的準備，事前讓兔子熟悉待在外出籠的感覺。最簡單的練習方式是平時就讓牠在外出籠裡面享用零食，這樣便會漸漸適應外出籠。

注意外出時的氣溫

身體虛弱時最怕溫度劇烈變化，所以要特別做好溫度管理。除了緊急時迫不得已的情況，夏天都請盡量選在早晨或黃昏等較涼爽的時間帶出門，而冬天選在出太陽的時間會比較放心。

外出籠內在夏天時可以放進用毛巾包起來的保冷劑，冬天時則放入暖暖包，維持適宜的溫度。

重點 47

定期到值得信賴的動物醫院做健康檢查

● 事先尋找值得信賴且方便前往的動物醫院，並定期接受健檢，這樣就能在突然生病或受傷時快速做好萬全準備。

荷蘭侏儒兔是野生動物

荷蘭侏儒兔一般被分類成野生動物。

所謂野生動物，簡單來說指的就是狗、貓以及豬、牛、雞等經濟動物以外的所有動物，包含兔子、倉鼠、龜、鸚鵡、八齒鼠、絨鼠、蜜袋鼯等各種動物，荷蘭侏儒兔也是其中一員。

很多動物醫院僅提供貓狗的診療服務，因此一定要先找好可以診療兔子的動物醫院，再前往就醫。

若發現符合條件的醫院，為了以防萬一也建議事前致電醫院，確認院方能否診察荷蘭侏儒兔，並告訴對方病情及症狀，請院方判斷能否處置。

諮詢正在飼養荷蘭侏儒兔的飼主

可以詢問有飼養荷蘭侏儒兔的人，請教他們是否有推薦或常去的動物醫院。

飼主能藉此事先收集有益的資訊，了解動物醫院的氣氛、應對方式及主治醫師的特色。

網路搜尋

另一個方法是在網路上搜尋「兔子」、「荷蘭侏儒兔」、「動物醫院（地區名）」、「野生動物動物醫院（地區名）」等關鍵字，尋找住家附近可以為荷蘭侏儒兔提供診療服務的動物醫院。

動物醫院的官方網頁通常會明記地址、電話號碼、看診時間、醫院特色、能診治的動物等等相關資訊。

從動物醫院的官方網站能獲得各種必要資訊。

詢問寵物店或送養人

詢問荷蘭侏儒兔曾待過的寵物店或送養人是否有推薦的醫院，也是一個不錯的辦法。

最好也一併詢問是否有開設夜間急診的醫院，這麼一來就算有突發狀況也不會手忙腳亂，可以迅速且順利地將兔子送達醫院。

對策 定期接受健康檢查

若找到一間方便前往的醫院，那麼為了預防疾病、維持健康，建議每年接受一次健康檢查。

要做健康檢查前，可以將重點18介紹的每日健康記錄帶去醫院供醫生參考。

健康檢查一般會做糞便採檢、觸診、視診、口腔檢查，並確認哪裡有腫脹，必要時會進一步做血液檢查並照X光。

兔子進入高齡期後，就增加健康檢查的頻率吧。

健康檢查也是一個好機會，可以向獸醫師詢問日常生活中擔心或感到在意的事情。

在交談過程中能與獸醫師建立信賴關係，有突發狀況時可以在信任的獸醫師協助下接受妥善的治療。

重點 48 盡可能打造沒有壓力的生活環境

與人類相同，荷蘭侏儒兔在老後，身體各項機能都會逐漸衰退。面對年老的荷蘭侏儒兔，請給予牠更多的關懷與更細心的照顧。

沒有壓力的生活

如同前述，兔子自七歲起便邁入所謂老年期、高齡期。飼養高齡荷蘭侏儒兔最重要的，就是盡量別讓牠感到任何壓力。

溫濕度管理不用說，飲食也要配合年齡進行調整，並重新審視運動量的標準，盡力打造沒有壓力的生活方式。

另外，在變更以下將要說明的籠內布置或飲食內容時，高齡兔可能會對急遽的變化感到壓力，因此若有必要，請依序慢慢做變更即可。

籠內的布置

給水器與食盆請設置在荷蘭侏儒兔能輕鬆碰觸的位置。

便盆由於已經養成了長久的習慣，所以放在原本的位置是最好

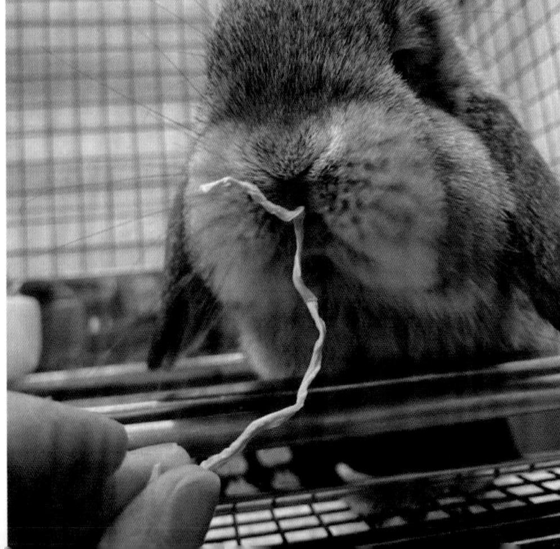

的。

籠子的出入口若有高低差，可以裝上斜坡方便牠移動。（參照重點8〈老年期的布置範例〉）

飲食內容

如果兔子生病了，或牙齒咬不動而難以進食，可以將原本的顆粒飼料泡軟，或改餵食其他柔軟的食物。

如果連這些都完全無法咀嚼了，還可以將食物磨成粉末狀再用水沖泡，給予牠流質的食物。

當荷蘭侏儒兔無法自己進食

如果荷蘭侏儒兔已經沒辦法自己吃東西，那麼飼主就要用手親自餵食。

若連主食的牧草（主要為提摩西草）及飼料都不吃了，那飼主就要以強迫餵食的方式，盡可能讓兔子吃些東西。

兔子強迫餵食用的食物可以在寵物兔專賣店等處取得。

如果飼養的兔子有特別喜歡吃的東西，可以將其用食物調理機攪碎成流質食物再餵食，這也不失為一個好方法。

重點 49

必須準備好避難生活所需的用品並規劃逃生路線

● 天災不知什麼時候會侵襲我們的家園。為了守護心愛的荷蘭侏儒兔，請務必做好防災對策。

飼主請主動保護荷蘭侏儒兔

相較於其他國家，日本很常受到地震及颱風等天災的侵擾。

因此做好防災準備，事先了解與荷蘭侏儒兔一同避難的方法相當重要。

首先，確定自己居住地區的防災避難所在哪裡，並查詢避難的路線。

接著請準備好飼主自己與荷蘭侏儒兔的緊急避難包。建議荷蘭侏儒兔的避難包至少要準備可支撐一個星期左右的食糧與用品。

掌握荷蘭侏儒兔愛吃的食物

荷蘭侏儒兔有可能因為壓力而完全不願意進食。

為避免發生這種狀況，平時就

要留意自家的荷蘭侏儒兔喜歡吃些什麼，盡可能掌握多種牠愛吃的食物，當災害來臨時就能餵食這些食物，讓兔子正常地進食。

平時應進行防災訓練

為了防範災害發生，平時就應進行防災訓練，並測量將荷蘭侏儒兔裝進外出籠，然後做好準備離開家門所需的時間。

這不僅可以讓飼主練習緊急狀況發生時如何將荷蘭侏儒兔帶至動物醫院，或許也能藉此培養面對危機不慌不忙、行動果決的應變能力。

對策

避難時應攜帶的物品

以下避難用品請事先準備妥當，以便能夠迅速攜帶逃生，這樣在災害發生時也會安心許多。

- □外出用的外出籠
- □給水器　□塑膠袋
- □毛巾　□飼養日記
- □食糧（約一週份）
- □飲用水　□寵物尿片
- □化毛膏
- □拋棄式手套
- □拋棄式暖暖包或保冷劑（依照季節調整）
- □報紙　□濕紙巾
- □動物醫院的掛號證

此外，也能透過社群軟體與其他荷蘭侏儒兔的飼主聯絡、交流，隨時交換各種資訊。

重點 50

事先決定好臨終後要如何送葬

● 生命終有一天會結束。
有些事情飼主應當事先了解，並做好萬全準備，迎接告別之日的到來。

懷著感謝的心情說再見

雖然很令人難過，但可愛的荷蘭侏儒兔總有一天也必須與我們道別。

在深愛的毛小孩啟程前往另一個世界前，請滿懷愛意地照顧牠，不要留下任何遺憾，並在最後以感謝的心情，守望牠直到最後一刻。

天堂裡的荷蘭侏儒兔肯定也不希望看到飼主難過哭泣的模樣，所以還請打起精神，幸福地度過接下來的每一天。

若要將荷蘭侏儒兔埋葬在自家庭院

若自家有庭院，且為自己所有的土地，那麼就能埋葬在庭院裡。

埋葬時請挖開六十公分以上的

挑選寵物葬儀社的原則

動物火葬業者基本上不受法律規範，因此請參考以下心得，慎重選擇優質的寵物葬儀社。

其1 不要只詢問一間葬儀社，要貨比三家，向多間葬儀社詢問報價。

其2 請對方報價時，必須告訴對方寵物種類、體格大小等必要資訊，並書面確認包含追加費用在內的總金額。

其3 若認識的人有經驗，可以與對方商量。

其4 如有結識的寺院等，請在寵物生前至少親自前往一次。

深穴，並回填充足的泥土。

如果墓穴的深度不夠，可能會因為某些原因突然暴露出來，或被其他聞到氣味的野生動物從土裡挖出來，因此埋葬時請注意墓穴的深度。

如果要舉辦葬禮

若想委託寵物葬儀社進行火化，可以選擇與其他寵物一起的團體火化、單獨進行的個別火化，或是飼主與家人在靈堂做最後告別後，於現場等到火化完畢並撿骨等各式各樣的葬禮方案。

事前與寵物葬儀社詳細溝通，在意的問題也請立刻提出。

最後，審慎考量自身心願、預算等，再決定適合的葬禮類型。

報告過世前的詳細經過與疾病的症狀

如果有常去的動物醫院，那麼請記錄過世前的詳細經過與病情，向熟識的獸醫師報告。

也不妨試著用社群網站，與大眾分享荷蘭侏儒兔過世前的狀況。

這份報告或許能成為重要的提示，幫助到其他罹患相同疾病或症狀的荷蘭侏儒兔。

Check!

在委託寵物葬儀社前必須先確認的事項

在委託寵物葬儀社為荷蘭侏儒兔進行火化前，請先對下列事項進行確認。

□官方網站上是否有過去曾為荷蘭侏儒兔火化的實例？
□寵物葬儀社的相關資訊及評價
□火化費用是否包含接運費？
□週六日及例假日也有營業嗎？需要追加費用嗎？
□葬禮後還有其他額外費用嗎？

【製作工作人員】
■編輯・製作プロデュース / 有限会社イー・プランニング
■監修補助 / うさぎのしっぽ代表　町田修
■ DTP・本文設計 / 小山弘子
■插圖 / 田渕愛子、ほか
■攝影 / 上林徳寛
■照片提供・攝影協力
有限会社オーグ・うさぎのしっぽ
https://www.rabbittail.com/

第一次養荷蘭侏儒兔就上手

出　　版／楓葉社文化事業有限公司
地　　址／新北市板橋區信義路163巷3號10樓
郵政劃撥／19907596 楓書坊文化出版社
網　　址／www.maplebook.com.tw
電　　話／02-2957-6096
傳　　真／02-2957-6435
監　　修／田向健一
翻　　譯／林農凱
責任編輯／王綺
內文排版／謝政龍
港澳經銷／泛華發行代理有限公司
定　　價／320元
初版日期／2022年12月

國家圖書館出版品預行編目資料

第一次養荷蘭侏儒兔就上手 / 田向健一監修
; 林農凱譯. -- 初版. -- 新北市 : 楓葉社文化
事業有限公司, 2022.12　面 ;　公分

ISBN 978-986-370-489-8（平裝）

1. 兔 2. 寵物飼養

437.374　　111016240